*Rich*致富 364

# AI無所不在的未來

## 當人工智慧成為電力般的存在，
## 人類如何控管風險、發展應用與保住工作？

**RULE OF THE ROBOTS**
How Artificial Intelligence Will Transform Everything

馬丁‧福特（Martin Ford）——著

曾琳之——譯

高寶書版集團

獻給我的母親，希拉

# 目錄
**Concents**

第一章

# 顛覆即將到來

　　2020 年 11 月 30 日，Google 母公司 Alphabet 旗下位於倫敦的人工智慧公司 DeepMind 宣布了一項在電腦生物學領域驚人的、甚至可說是歷史性的突破。這項創新有可能真正改變科學與醫藥。該公司成功利用深度神經網路，根據細胞中分子的遺傳密碼，來預測蛋白質分子將如何折疊成其最終的形狀。這是一個代表五十年科學探索大勝利的里程碑。這項新技術將提供我們對生命結構的全新見解，並迎來醫學與藥品創新的新時代。[1]

　　蛋白質分子是一串長鏈，其中的每個鏈接是由二十種不同氨基酸中的其中一種氨基酸組成。DNA 裡面所編碼的基因列出了構成蛋白質分子的精準序列，我們可以將其理解成一種遺傳配方；然而，這個遺傳配方並未指出分子的形狀，但分子的形狀卻正是它們發揮重要作用的關鍵。蛋白質分子的形狀，是由分子在細胞內成形、幾毫秒內自動摺疊而成、高度複雜的三維結構所決定的。[2]

　　預測蛋白質分子折疊成的確切形狀，是科學上最艱鉅的挑戰，因為可能的形狀數量幾乎是無限的。科學家們為了這個問題投入他們整個職業生涯，但是在整體上的進展很有限。DeepMind 使用了該公司在 AlphaGo 和 AlphaZero 系統中首創的人工智慧技術，這些系統曾在圍棋和西洋棋等棋盤遊戲競賽中，打敗全球頂尖的人類好手。但是，想到人工智慧就會聯想到擅長遊戲競賽的時代，顯然即將結束。AlphaFold 預測蛋白質分子形狀能力的準確性可以和昂貴、耗時且使用像是 X 射線晶體學等技術的實驗室測量出的結果相匹敵。這一無可辯駁的證據，證明了最前瞻的人工智慧已經創造出一種實用、不可或缺、具備改變世界潛力的科學工具。

現在，我們應該都看過一張圖，透過描繪最惡名昭彰的例子——冠狀病毒刺突蛋白質（coronavirus spike protein，一種允許病毒附著染病宿主的對接機制），來說明蛋白質分子的三維形狀如何定義其作用。而這項突破為我們帶來希望，在下一次大流行病前，我們將會做好準備。這套系統的其中一項重要應用方向是快速篩選現有的藥物，找出可能對新出現的病毒最有效的藥物，在疫情爆發的早期階段，就讓醫生得以掌握強效的治療方法。除此之外，DeepMind 的技術有望在不同領域帶來進步，包括設計出全新的藥物，以及對蛋白質錯誤折疊的方式可以有更多的認識。蛋白質錯誤折疊與糖尿病、阿茲海默症和帕金森氏症等疾病都有關。這項技術也可能有一天會被應用在醫學以外的各種領域，例如，幫助設計出某種微生物，能夠分泌出可以分解塑料或油等廢棄物的蛋白質。[3] 換句話說，這項創新具有幾乎在所有生化科學和醫學領域都可以帶來加速進步的潛力。

　　人工智慧領域在過去大約十年之間有了革命性的躍進，也開始越來越能夠被實際應用，而這些應用已經改變了我們所身處的世界。促成這些進步的主要催化劑是「深度學習」（deep learning），這是以多層結構的人工神經網路為基礎的機器學習技術，DeepMind 所採用的也是同樣的技術。人類已經理解深度神經網路的基本原理幾十年了，但是最近的戲劇性進展，是源自於兩股不停發展的趨勢交匯而成的影響：首先，功能更強大的電腦出現，讓神經網路第一次成為真正有用的工具；其次，資訊經濟所生成與收集的龐大數據，正在成為訓練這些網路執行實用任務的關鍵資源。事實上，這些可用數據的龐大規模，是我們過去難以想像的，這可以說是我們所看到的驚人進步背後最重要的原因。深度神經網路吸取並利用這些數據的方式，就像是巨大的藍鯨以小磷蝦為食一樣，收集大量個體微不足道的生物，然後利用這些生物的集體能量，賦予一個有著巨大體型與龐大力量的生物生命。

　　隨著人工智慧成功被應用在越來越多的領域，我們很清楚地看到，它正在演變成一種獨特且影響深遠的科技。例如，在某些特定的醫學領域，人工智慧診斷應用程式的表現已經可以媲美醫生，甚至是超越最優秀的醫生。這種創新的真正力量，不僅在於它的能力具備著勝過某位醫生的可能性，而是在於所蘊含的智慧可以輕鬆擴展到頂尖的程度。很快地，這種精英診斷的專業知識將以民眾可負擔的方式遍布全球，那些幾乎沒有任何醫生或護士，更不用說世界最頂尖醫學專家的地區，也將受惠於這項科技。

現在，請你想像一下將一項極其具體的單一種創新，例如以人工智慧為基礎的某項診斷工具，或是 DeepMind 在蛋白質折疊上的突破，然後把它們乘以幾乎沒有上限的無數可能性，這包括醫學、科學、工業、交通、能源、政府與其他所有的人類活動領域，你將會得到一種全新且獨特的應用程式。基本上，這是一種「智慧的電力」（electricity of intelligence）。這是一種可以靈活運用的資源，也許有一天我們只要輕按一下開關，就可以將認知的能力應用到幾乎所有問題上。到最終極的階段時，這套新的應用程式不僅具備可以分析與做決策的能力，還能夠解決複雜的問題，甚至展現出創造力。

這本書的宗旨是將人工智慧視為一種同時具備獨特可擴展性與潛在破壞力的科技，進而探討人工智慧對未來的影響，而不僅是將其視為一項特別的創新。人工智慧是一種強大的新資源，即將改變我們的生活，而且有朝一日其影響力將可以與電力相媲美。我接下來將提出的論點與解析，很大程度上是以我自己的三段專業經驗為基礎。

首先，從我在 2015 年出版《被科技威脅的未來：人類沒有工作的那一天》（*Rise of the Robots: Technology and the Threat of a*

*Jobless Future*）一書後，我受邀在許多科技論壇、區域峰會、企業內部或是學術活動上演說，向大家分享人工智慧與機器人技術帶來的衝擊。我去過三十幾個國家，有機會參觀研究實驗室、看到前瞻科技的展示，並且與科技專家、經濟學家、企業高階主管、投資人、政治家，以及看見並開始擔憂自己周遭變化的一般大眾，就正在發展成形的人工智慧革命一起探討與辯論。

接下來，我從 2017 年開始和法國興業銀行（Société Générale）的團隊合作，打造一組專門的股票市場指數，為投資人提供可以直接從人工智慧和機器人革命中獲益的方法。我的角色是提供諮詢的主題專家，我幫助制定了一套策略，以人工智慧正在成為一種強大的新應用程式為主軸，認定人工智慧將在廣泛不同領域的產業中創造價值。這項計畫的成果，是法國興業銀行的 Rise of the Robots 指數，以及其後根據此指數而產生的 Lyxor Robotics 和 AI ETF [4]。

最後，我在 2018 年的整年，非常有幸與二十三位全球最重要的人工智慧研究科學家與企業家坐下來，針對不同範圍的議題進行討論。這些男性與女性佼佼者可說是這個領域的「愛因斯坦」，事實上，我談過話的這些人之中，有四位曾獲得等同於電腦科學界諾貝爾獎（Nobel prize）的圖靈獎（Turing award）。這些討論深入探討了人工智慧的未來，以及人工智慧發展過程中的風險與機會，這些內容都記錄在我 2018 年的書《智慧締造者：智慧建築師談人工智慧真相》（*Architects of*

*Intelligence: The Truth about AI from the People Building It*）裡面。我藉由這個特別的機會，獲得非常多的啟發，我深入了解了絕對是人工智慧領域最聰明的一群人的看法，而他們的觀點和預測也成為本書大部分素材的基礎。

將人工智慧視為一種「新的電力」的角度，為思考這項科技將如何發展並最終影響包括經濟、社會與文化的所有領域，提供了一個有用的模型。但是，我們也看到一項重要的警訊。電力被普遍視為一種明確的正向力量。撇開那些離群索居的隱士不談，在生活在已開發國家的人中，你可能很難找到對電氣化感到後悔的人。人工智慧則不同，它有它的陰暗面，而且往往伴隨著對個人以及整體社會的明確風險。

隨著人工智慧不斷發展，人工智慧有可能以前所未見的程度顛覆就業市場和整體經濟。幾乎任何以例行性且可預測的任務為主的工作，或者，換句話說，也就是指任何那些總是重複碰到類似挑戰的工作，都有可能全部或部分自動化。研究發現，有多達一半的美國勞工都從事這類工作，而且僅在美國，就有數千萬個工作職位最終可能會消失。[5] 這不僅會衝擊到從事低工資且缺乏技術性需求工作的人，許多白領工作者和專業人士所做的也是非常例行性導向的工作。事實上，具備可預測性且需要智力的工作被自動化取代的風險特別高，因為這些工作都可以由軟體來執行，反而是需要體力勞動的工作需要比較昂貴的機器人才能取代。

關於自動化對未來勞動人口的影響，爭論一直在持續。我們是否會創造出全新且無法自動化的工作，來吸收那些失去工作的勞工？如果是這樣，這些勞工是否具備轉換到新創造的工作所需要的技能、角色和性格特質？我們或許不該假設大部分的前卡車司機或是前速食店員工可以變成機器人工程師，但是，以這些例子來說，我們能夠假設他們可以成為老年人的個人照護護理員。正如我在《被科技威脅的未來》所說的，我的個人觀點是，隨著人工智慧和機器人科技的不斷進步，我們有很大一部分的勞動力都會被拋下。而且，我們將會看到，我們有充分的理由相信冠狀病毒大流行以及因此而造成的經濟衰退，將加速人工智慧對就業市場的衝擊。

就算我們先把工作被自動化完全取代這件事放在一邊，科技其實也已經透過其他的方式影響了我們的就業市場，而這正是我們該關注的議題。此刻，中產階級的工作面臨著去技能化的風險，因此，一位受過很少訓練但是因配備的科技而能力被強化的低薪勞工，也可以擔任過去原本高薪需求的工作角色。越來越多的人是在演算法的管理下工作，由演算法監督或是決定他們的工作節奏，實際上，這些人就像是虛擬的機器人一樣。許多新創造的工作機會都在「零工經濟」（gig economy）中，做這些工作的勞工通常必須接受工時和收入的不穩定性。所有的這些狀況都直指，有越來越多勞動力面臨日益加劇的不平等以及工作條件不人性化的可能性。

　　除了對就業與經濟的影響之外，人工智慧的持續興起還伴隨著多種其他風險。我們的整體安全就是其中一種最直接的威脅。對安全的威脅包括透過人工智慧對實體的基礎建設或重要的系統等將日漸由演算法進行互聯與管理的地方進行網路攻擊，以及對民主程序與社會結構造成威脅。俄羅斯在 2016 年對美國總統大選的干預，和未來將發生的事情相比，算是一個相對溫和的預演。最終，人工智慧將可以透過創造出與現實幾乎無法區別的圖像、聲音、影像，來大幅提升「假新聞」的影響力，同時，真正先進的網路機器人大軍有朝一日將大舉入侵社群媒體以散播混亂，並可能以驚人的語言熟練度（proficiency）影響輿論風向。

　　在世界各地，尤其是在中國，人臉辨識與其他人工智慧技術的監控系統被使用的方式，大幅強化了獨裁政府的權力與影響力，侵蝕了人民對個人隱私的所有期望。在美國，臉部辨識系統在某些案例中，被證明會因種族與性別而產生有偏見的判斷結果，而這套系統被用於篩選應徵者的簡歷，甚至是為犯罪司法系統內的法官提供建議。

　　然而，短期內最可怕的威脅，可能是全自動化武器的發展，全自動化武器有著不需要經過特定的人授權即可殺人的能力。這種武器可以針對大範圍內的所有人展開攻擊，而且將非常難以防禦，更不用說萬一這些武器落入恐怖份子手中。人工智慧研究領域的許多人都在努力防止這樣的發展，聯合國也正在討論一項禁止這類武器的倡議。

然後在往後一點的未來，我們可能會碰到更大的危機。人工智慧是否有可能對人類造成生存的威脅？有朝一日，我們是否可能會創造出一台「超級智慧」（superintelligent）機器，它的能力遠遠超過我們，以至於它可能有意或無意間以對我們造成傷害的方式運作？目前，這仍然只是科幻作品的情節。實際上，這是一種偏向推測性的恐懼，只有當我們某天成功打造出真正具備智慧的機器時，這個狀況才會發生。儘管如此，追求創造出真正和人類相比擬的人工智慧，仍然是這個領域的「聖杯」（指極難得到的物品），有許多非常聰明的人都很重視這項議題。已故的史蒂芬・霍金（Stephen Hawking）和伊隆・馬斯克（Elon Musk）等知名人士都曾經對人工智慧失去控制的可怕之處提出警告，尤其是馬斯克，他宣稱人工智慧的研究是在「召喚惡魔」，而且「人工智慧比核武更危險」，這番言論掀起了媒體的熱議。[6]

有鑑於這一切，大家可能想知道，為什麼我們會選擇打開潘朵拉的盒子？答案是，人類沒辦法承擔將人工智慧棄之不用的後果。人工智慧可以放大我們人類固有的智力和創造力，幾乎在人類努力的所有領域，它都可以帶來創新。我們可以預期將會出現新藥和新療法、更高效的乾淨能源，以及許多其他的重要突破。人工智慧一定會讓工作消失，但是它也會讓經濟體系內的產品與服務，變得更經濟實惠。管理顧問公司普華永道

（PwC）的一項分析預測，到 2030 年時，人工智慧將為全球經濟帶來約 15.7 兆美元的價值，在我們期待從冠狀病毒大流行所造成的大規模經濟危機中復原時，這件事也變得更為關鍵。[7] 也許最重要的是，人工智慧將演化成為一種不可或缺的工具，在我們面對氣候變遷與生態環境惡化的艱鉅挑戰中扮演關鍵的角色，或是在下一次大流行病、能源與乾淨水資源短缺、貧困與缺乏教育資源等狀況發生時發揮作用。

　　我們在前進的路上，必須充分利用人工智慧的潛力，但同時我們也必須睜大雙眼。這些風險必須被解決，人工智慧的特定應用方式必須受到管制，在某些狀況下甚至需要被禁止。所有這些都需要從現在開始做起，因為在我們準備好之前，未來早就來了。

　　若聲稱這本書將為人工智慧的未來指出「路線圖」就太誇大其詞了。沒有人知道人工智慧將以多快的速度發展、人工智慧能夠發揮最大作用的特定應用方式、將會出現的新興公司與產業，或是最可能的危險是什麼。人工智慧的未來是混亂且不可預測的，沒有什麼路線圖，我們只能臨機應變。我希望這本書可以為即將發生的事情提供做好準備的方法：引導大家思考正在發生的革命性變化、區分出炒作與聳動的資訊和現實的差異，並找到個人和整體社會都能在我們所創造的未來蓬勃發展的最佳方法。

第二章

# 人工智慧是新電力

　　電力，曾經是只有娛樂人群的雜耍與實驗才需要的能量，卻無庸置疑地塑造並促成了現代文明。身處在一個任何地方都可以連上輸電網的世界，我們總是將此視為理所當然，但是，我們很容易就忘了電力攀爬到主導地位的過程，是多麼地漫長且艱鉅。

　　從班傑明・富蘭克林（Benjamin Franklin）在 1752 年著名的風箏實驗開始，過了整整 127 年後，湯瑪斯・愛迪生（Thomas Edison）的白熾燈泡才終於成功。從那時起，事情的進展才變快。同年在英國，利物浦電燈法案（Liverpool Electric Lighting Act）為英國的第一個由電力點亮的路燈奠定基礎，僅僅三年後，紐約市的珍珠街發電站（Pearl Street Power Plant）與倫敦的愛迪生電燈站（Edison Electric Light Station）都開始營運。儘管如此，到 1925 年時，美國只有大約一半的家庭可以使用電力。1936 年，富蘭克林・羅斯福（Franklin Roosevelt）的農村電氣化法案（Rural Electrification Act）通過。又過了幾十年，電力才逐漸發展成為今日我們所知的、無所不在的公用事業。

　　對於我們這些生活在已開發世界的人來說，幾乎沒有什麼事情不是以某種方式受到電力影響，或是實際上因為接電才得以實現的。電力可能是我們的通用技術（general purpose technology）中最好的例子，當然也是我們使用最久的一種通用技術。通用技術指的是某種跨越經濟體與社會，並在各個方面都改變了經濟與社會的創新。其他的通用技術還包括帶來工業革命的蒸汽動力，但是蒸汽動力現在只剩下很少的使用範圍，例如核電站等。內燃機無疑是帶來改變的發明，但是我們現在很容易就可以想像汽油和柴油引擎幾乎完全被取代的未來——它們很可能被電動馬達所取代。由於那些反烏托邦的災難情境並未發生，我們幾乎難以想像沒有電力的未來。

　　因此，認為人工智慧將發展成為一種規模和影響力可以和電力相提並論的通用技術，是一項非常大膽的主張。儘管如此，我們仍有充分的理由相信，這就是我們正在走的路：人工智慧就像電力一樣，最終將會影響並改變幾乎所有的事物。

　　人工智慧的觸手已經伸到經濟的各個領域中，包括農業、製造業、醫療保健、金融、零售與所有其他的產業。這項科技也開始侵入我們原本認為最人性化的那些領域。使用人工智慧的聊天機器人，已經可以全天提供心理健康諮詢服務。深度學習技術正在創造出新形態的平面藝術與音樂。這些都不應該讓我們真正感到驚訝。畢竟，幾乎所有人類所創造的價值，都是源於我們智力的產物，這是我們學習、創新與發揮創造力的能力。隨著人工智慧的擴展、強化或是取代了我們原本的智慧，人工智慧不可避免地將演變成我們最強大和最被廣泛使用的科技。事實上，在我們從冠狀病毒所引發的危機中試圖復甦時，人工智慧最終很可能被證明是我們所擁有之最有效的工具。

更重要的是，認為人工智慧將比電力更快達到主導地位是個明智的假設，因為部署人工智慧所需的大部分基礎設施，包括電腦、網路、行動數據服務，以及由亞馬遜（Amazon）、微軟（Microsoft）和 Google 等公司所經營的大規模雲端電腦設施都已經到位。想像一下，如果大多數發電廠和輸電管線在愛迪生發明燈泡的同時就都已經建成，那麼電氣化的發展速度將會提升多少。人工智慧已經準備好重塑我們的世界，而且這可能比我們預期的更快發生。

## 一種「具備智慧的電力」

將其與電力相比是恰當的，因為這傳達了這樣的感覺，即人工智慧將變成普遍性的存在，而且最終將影響並改變我們文明的幾乎所有面向。然而，這兩種科技之間也存在著關鍵的差異。電力是一種可替代的商品，而且是靜態的，不會因為時間和地點而改變。無論你身處何處，或是透過哪家公司供電，你透過電網所獲得的資源基本上是相同的。同樣地，今天提供的電力和 1950 年的電力相比，幾乎沒有什麼變化。相較之下，人工智慧的同質性程度非常低，而且動態性更高。人工智慧將提供無數且不斷變化的功能和應用程式，並且會因為技術的實際提供者不同而有很大的差異。

雖然電力提供了推動其他創新所需的動力，但人工智慧卻能直接提供智慧，這包括解決問題的能力、做決策的能力，以及有朝一日人工智慧很可能具備的推理、創新和構思新概念的能力。電力或許能為某個節省勞動力的機器提供動力，但人工智慧本身就是可以省去勞動力的科技，隨著人工智慧在我們的經濟體中發展，它將對人類的勞動力與公司企業的結構帶來巨大的影響。

隨著人工智慧繼續發展為某種公用事業，它將以和電力為現代文明奠定基礎同樣的方式影響我們的未來。正如建築物與其他基礎建設的設計和建造方法是為了利用現有的電網，未來的基礎建設從一開始設計的時候，就將以發揮人工智慧的力量為目標，而且這項概念將超越物理結構的限制，改變我們的經濟和社會中幾乎所有層面的設計。從一開始即利用人工智慧的新企業或組織將會出現，人工智慧也將在未來的每一個商業模式中扮演重要的角色。我們的政治與社會機構也同樣會改變而將人工智慧納入體系中，並且對於這種無所不在的新公共資源變得依賴。

所有這一切導向的結論是，人工智慧最終將會發展至擁有像電力一樣的影響範圍，但是，它永遠不會有和電力相同的穩定性與可預測性。它將永遠維持變動性更高且破壞性更強的力量，並且有可能會顛覆幾乎任何受到它影響的事物。畢竟，智慧是一種終極的資源，這是人類創造一切的基本能力。將這項終極資源轉變為普遍且可負擔的公共資源，將會是人類最重要的發展。

## 人工智慧的硬體與軟體基礎建設崛起

與任何公共事業一樣，人工智慧將需要一套支持其運作的基礎設施，即一套網路管道，讓這項科技可以被傳遞到各地。當然，這一切都始於龐大的電腦基礎設施已到位，包括數以億台筆記型電腦和桌上型電腦、大型數據中心的伺服器，以及快速發展且功能越來越強大的行動設備。這套分散式運算平台，作為傳輸人工智慧的媒介，其效能隨著一系列專門用於優化深度神經網路的硬體與軟體的開發，而有了顯著的提升。

這股演變趨勢，始於特殊的圖形微處理器，其原本是用在處理快速動作的電動遊戲，卻被發現可以作為深度學習的強大加速器。圖形處理器（graphics processing unit，GPU）原本的設計初衷，是用於加速需要幾乎即時處理的高解析度圖像的電腦運算。這些專門的電腦晶片從 1990 年代開始，就在索尼（Sony）的 PlayStation 與微軟的 Xbox 這類高階電視遊戲機上發揮重要的功能。圖形處理器以快速且能同時執行大量運算為目的而進行優化。為你的筆記型電腦提供動力的中央處理晶片可能配有兩個或四個計算「核心」（core），現今的高端圖形處理器則可能有數千個專門的核心，所有這些核心都能同時高速運算與處理數據。當研究人員一發現深度學習程式所需的運算，與輸出圖形所需的運算大致相同時，他們開始轉而大量使用圖形處理器，圖形處理器於是迅速演變為人工智慧主要的硬體平台。

事實上，這項改變正是推動 2012 年開始的深度學習革命的關鍵因素。這一年的 9 月，多倫多大學的一組人工智慧研究人員在 ImageNet 競賽中獲勝。ImageNet 競賽是一項以機器視覺競賽為主的年度活動，這次的勝利讓相關的產業人士都注意到圖形處理器這項科技。如果不是因為圖形處理器加速了他們的深度學習網路，那麼這組參賽團隊的成果是否能夠表現得足以贏得比賽是很值得懷疑的。我們將在第四章（102 頁）深入探討深度學習的歷史。

多倫多大學的團隊使用了輝達（Nvidia）製造的圖形處理器，這家公司成立於 1993 年，其業務只以設計和製造最先進的圖形晶片為主。在 2012 年 ImageNet 競賽之後，隨之而來的是對深度學習與圖形處理器之間共同作用後強大成果的普遍認識，這家公司的發展路線也有了巨大的改變，其轉型成在與人工智慧興起相關的領域中最突出的科技公司之一。深度學習革命的證據也直接體現在輝達的市值上：從 2012 年 1 月到 2020 年 1 月，輝達的股價飆升了 1500％以上。

隨著深度學習計畫都轉而使用圖形處理器，那些引領產

業的科技公司，也讓研究人員開始開發可以快速啟動執行深度
神經網路的軟體工具。Google、Meta 與百度都發布了深度學
習可用的開源軟體，供大家免費下載、使用與更新。最著名且
最被廣泛使用的平台是 Google 於 2015 年發布的 TensorFlow。
TensorFlow 是深度學習的全面性軟體庫，為從事實際應用的研
究人員與工程師提供優化的程式碼以執行深度神經網路，同時
也提供一系列的工具，讓特定的應用程式開發可以更有效率。
像 TensorFlow 與 PyTorch（Meta 用來與 Google 競爭的開發平台）
這類的軟體庫，使研究人員不用再因為晦澀難解的細節而花時
間編寫、測試軟體的程式碼，讓研究人員可以在架構系統的時
候，採用更高層次的視角。

　　隨著深度學習革命的發展，輝達與許多競爭的公司都開始
開發更強大的微處理器晶片，這些晶片特別針對深度學習進行
優化。英特爾（Intel）、IBM、蘋果（Apple）與特斯拉（Tesla）
現在都在設計帶有電路的電腦晶片，希望加速深度神經網路所
需的運算。深度學習晶片找到方法走上了被大量應用的這條路，
這包括智慧型手機、自動駕駛汽車與機器人以及高端的電腦伺
服器。結果，這促成了一個不斷擴展的設備網路，這些設備的
設計主軸都是以幫助人工智慧傳輸為主要方向。Google 在 2016
年發布了自研晶片「張量處理器」（Tensor Processing Unit，
TPU）。張量處理器是專門設計用來優化 Google 的 TensorFlow
平台上所建構的深度學習應用程式。一開始，Google 在自家的

數據中心部署了這種新的晶片，然後從 2018 年開始，張量處理器被整合到驅動該公司的雲端運算的設備伺服器中，使用其雲端服務的客戶皆可以輕易使用最先進的深度學習功能；這個發展將有助其在已成為人工智慧廣泛拓展最重要的管道中占據主導地位。

　　老牌的微處理器製造商與新創公司互相競爭快速成長的人工智慧市場的市占率，為這個產業注入了一股極具爆發力的創新能量。有一些研究人員正在將晶片設計推往全新的方向。從圖形處理器演變而來的深度學習專用晶片被優化成可以加速處理軟體在執行深度神經網路時對數學運算的大量需求。有一類更接近於模仿大腦的新型晶片，在很大的程度上拿掉非常消耗資源的軟體層，然後在硬體中執行神經系統。這些新興的「神經形態」（neuromorphic）晶片設計成直接在矽中讓硬體神經元實體化。IBM 與英特爾都在神經形態運算上投入了大量資金。舉例來說，英特爾的實驗性 Loihi 晶片，內有包括 13 萬個硬體神經元，每個神經元都可以連結至數千個其他神經元。[8] 去掉大量的軟體運算需求最主要的優勢是動力效率。人類的大腦具有超越任何現有電腦的能力，卻僅需要消耗約 20 瓦特，遠低於普通的白熾燈泡。相較之下，在圖形處理器上運行的深度學習系統需要大量的電力，而擴展這些系統並消耗更多資源的狀況無法持續太久。我們也會在第五章（119 頁）討論這點。神經形態晶片的設計靈感源自腦部的神經網路，耗電量少很多。英特爾聲稱其 Loihi 的架構在某些應用程式中的動力效率，比傳統的微處理器高出一萬倍。當像是 Loihi 這樣的設計進入量產時，它們可能很快就可以被整合到行動裝置與其他最注重動力效率的應用上。有些人工智慧的專家更大膽預測，神經形態晶片代表著人工智慧的未來。例如，研究公司顧能（Gartner）的某項分析即預測，到 2025 年時，神經形態晶片將大規模取代圖形處理器，成為人工智慧的主要硬體平台。[9]

## 雲端運算作為人工智慧的主要基礎設施

現在的雲端運算產業始於亞馬遜在 2006 年推出的「亞馬遜網路服務」（Amazon Web Services，AWS）。亞馬遜的策略，是將為亞馬遜購物網站的服務所架構與管理大型數據中心的專業做最大的發揮，亞馬遜向大量的客戶售出可彈性使用類似的運算設備資源的使用權。截至 2018 年，AWS 已有一百多個數據中心，座落在全球九個不同國家。[10] 亞馬遜以及其競爭對手所提供的雲端服務成長驚人。根據一項最近的研究顯示，有 94％的公司組織都在使用雲端運算，從跨國公司到中小型企業都包括在其中。[11] AWS 成長的速度飛快，到 2016 年時，亞馬遜每天必須新納入其系統的運算資源量，已經大致相當於該公司在 2005 年底所擁有的所有資源量。[12]

在雲端供應商出現之前，企業和公司組織需要購入與維護自家的電腦伺服器與軟體，並且聘請高薪的技術人員來長期維運與升級系統。這當中的很大一部分，在有了雲端運算後，都外包給像是亞馬遜這類的供應商，這些供應商因為有一定的經濟規模而可以達到近乎無情的效率。代管雲端運算伺服器的設施通常非常龐大，包含數十萬平方英尺的結構空間，成本高達10億美元以上，且代管超過5萬個強大的伺服器。雲端運算的資源通常會以隨選服務的方式提供，客戶在任何時間都可以使用需要的計算能力、儲存與軟體應用程式，且只需要支付使用這些服務的費用。

　　雖然代管雲端伺服器的設施在物理規模上都很龐大，但是它們重度仰賴自動化，因此往往使用非常少人力。透過複雜的演算法來管理設施內的幾乎所有事情，可以達到由人類直接控制時不可能達到的精準度。即使是設施所大量消耗的電力以及需要平衡好幾萬台伺服器所產生的大量熱能而進行冷卻等因素，也會時時刻刻被優化。事實上，在 DeepMind 的人工智慧研究的首批實際應用當中，就有一套深度學習系統被用於優化 Google 數據中心的冷卻系統。DeepMind 聲稱，他們的神經網路透過分布在 Google 代管設施中的傳感器所收集的大量數據來進行訓練，已經能夠做到將用於冷卻的耗能減少多達40％。[13] 透過演算法控制產生了實質的益處。在 2020 年 2 月發表的一項研究發現，「雖然數據中心所完成的計算量在 2010 年到 2018 年之間增加了550％，但是在同個時期，數據中心所消耗的能源僅增加了 6%」[14]。當然,這些自動化都會對就業造成影響。轉換到雲端運算會造成大量工作消失,這些工作曾經是由技術專家所擔任,負責管理由幾千個獨立的公司組織在維護的電腦計算資源,而這很有可能會導致 1990 年代後期興起的科技工作熱潮消退。

雲端運算的商業模式有非常高的利潤,主要供應商之間的競爭非常激烈。AWS 是亞馬遜的營業項目中獲利最高的,遠遠領先亞馬遜的其他商業模式,其利潤大幅超過該公司的電子商務活動。AWS 在 2019 年的收入成長了 37%,達到 82 億美元,雲端服務的收入占公司總收入的 13%。[15] 亞馬遜的 AWS 占據了市場龍頭的位置,在整個雲端市場中,亞馬遜的市占率就占了大約三分之一。微軟在 2008 年成立的 Azure 雲端服務、Google 在 2010 年推出的 Google 雲端平台也有相當大的市占率,IBM、阿里巴巴和甲骨文(Oracle)也都是市場中的重要競爭者。

此刻,政府和企業都相當依賴雲端運算。2019 年時,這種高度依賴所造成的複雜性與黨派緊張關係成為政治角力的重點,美國五角大廈的「JEDI」專案也因此被推上了風口浪尖。「JEDI」是「聯合企業國防基礎建設」(Joint Enterprise Defense Infrastructure)的縮寫,是一份為期十年,金額高達 100 億美元的合約,合約內容包括代管非常龐大的數據量,並為美國國防部提供軟體和人工智慧能力的服務。第一場騷動出現在 Google,該公司的員工(在政治光譜上往往非常偏左)反對公司競標國防相關合約的計畫，員工的抗議最終導致 Google 在 JEDI 合約投標的截止日期前三天退出了競標。[16]

　　最後，五角大廈將這項計畫的合約給了微軟的 Azure，但是亞馬遜因其在該領域的領導地位，而一直被視為最有可能拿到合約的公司，就立即宣稱這項決定是出自政治動機。亞馬遜於 2019 年 12 月提起訴訟，抗議因為時任美國總統唐納・川普（Donald Trump）對時任亞馬遜執行長傑夫・貝佐斯（Jeff Bezos）明顯有敵意，而導致這項決定存在不當的偏見。貝佐斯旗下還有《華盛頓郵報》（*Washington Post*），這家媒體一直大力批評川普政府。2020 年 2 月，一名聯邦法官發布一項禁令，暫停與微軟簽訂合約。[17] 一個月後，國防部表示將會重新考慮其決定。[18]

　　這些事情非常生動地描繪了雲端運算市場的競爭有多激烈，這些競爭在某些狀況下還會牽扯上政治，而這些紛爭一定會繼續發生。處於這種動態競爭核心的，是人工智慧的能力，對居於市場領導地位的雲端運算供應商來說，這在他們所提供的服務中的重要性也變得越來越大。深度學習的商業重要性最初是在這些科技巨頭提供給他們的消費者與企業客戶的前瞻性服務上被證實的。在內部數據中心運行的神經網路就驅動了亞馬遜的 Alexa、蘋果的 Siri、Google 的助理（Assistant）與翻譯（Translate）服務。從這個出發點開始，深度學習能力現在已經完全遷移到這些公司提供的雲端服務中，它也成為這些供應商和競爭者差異化的其中一項最重要特徵。例如，Google 向其雲端客戶提供可以直接使用由其張量處理器所架構而成之強大硬體的使用權，因而提升 Google 的 TensorFlow 平台的普及程度。亞馬遜則利用最新的圖形處理器提供深度學習功能，讓客戶可以使用在上面運行 TensorFlow 或是各種其他機器學習平台所開發的應用程式。事實上，亞馬遜聲稱透過 Google 的 TensorFlow 所開發的應用程式中，有 85％都是在 AWS 上運行的。[19]

　　這些主要提供雲端服務的公司有著一種不懈怠的動力要提供給客戶更靈活且更好的工具，以對競爭對手所獲得的任何優勢做出快速反應。最近的一項技術前瞻創新，是英特爾在 2020 年 3 月透過雲端讓一套實驗性的神經形態計算系統開始提供客戶服務。這套系統由 768 組英特爾模仿大腦的 Loihi 晶片所建構而成，包含一億組類神經元硬體，大約相當於一隻小型哺乳類動物的大腦。[20] 如果這種架構被證明是有效的，那麼主要的雲端服務供應商之間的神經形態戰爭一定會在短期內開戰。這些公司努力想要勝出，並試圖在不斷成長的人工智慧相關的計算資源市場中瓜分到更大的市場，其結果是出現了一個雲端生態圈，這個生態圈完全以提供人工智慧為存在目的。

　　微軟在 2019 年對人工智慧研究公司 OpenAI 的投資，為雲端運算與人工智慧自然協力提供了一個研究案例。OpenAI 與 Google 的 DeepMind 皆是推動深度學習前進的先驅。OpenAI 將能夠利用微軟的 Azure 服務所代管的大量計算資源，鑑於

OpenAI 希望建構更龐大的神經網路，這點對 OpenAI 非常關鍵。因為只有雲端運算才能提供 OpenAI 的研究規模所需的計算能力。而微軟這方將可以獲得從 OpenAI 對通用人工智慧的探索中發展出的實用性創新。這可能會帶來新的應用程式和功能，並且可以整合到 Azure 的雲端服務中。或許與之同等重要的，還有 Azure 的品牌將能透過與世界領先的人工智慧研究組織合作受益，讓微軟在與 Google 競爭時有更強的品牌定位。Google 在人工智慧領域之所以享有領導地位的盛名，部分原因就是其所擁有的 DeepMind。[21]

　　這種協作的重要性不只出現在這個案例上。實際上，從大學研究室、人工智慧新創公司，到開發可實際應用的機器學習應用程式的大公司，幾乎每一項人工智慧領域的重要進展，都越來越依賴這種幾乎是可以廣泛使用的資源。雲端運算可以說是人工智慧發展成為公用事業最重要的推手，讓人工智慧有望在某一天變得像電力一樣無所不在。李飛飛（Fei-Fei Li）是 ImageNet 數據庫和其成為深度學習革命催化劑的挑戰賽的架構師，她從 2016 年到 2018 年間曾向目前工作的史丹佛大學請假，去擔任 Google 雲端平台的首席科學家。她是這樣說的：「如果你想要推廣像是人工智慧這樣的科技，最好也最大的平台就是雲端平台，因為沒有任何其他人類所發明的平台的計算能力可以像雲端運算那樣觸及到那麼多人。」[22]

## 人工智慧的工具、學習與民主化

　　新工具的出現，讓這項科技可以廣泛被不一定有高度技術背景的人使用，這讓以雲端為基礎的人工智慧加速演化成通用的資源。TensorFlow 或 PyTorch 等平台確實讓打造深度學習系統變得容易，但是它們總的來說只能被受過高度訓練的專家使用，而這些專家通常都有計算機科學領域的博士學位。而新的工具，像是 2018 年 1 月 Google 推出的 AutoML，就在很大程度上讓許多技術的細節自動化並大幅降低進入門檻，讓更多人有機會用深度學習來解決實際的問題。AutoML 的本質相當於透過人工智慧的展開來創造更多的人工智慧，也是李飛飛稱為「人工智慧民主化」（the democratization of AI）趨勢的一環。

　　如同以往，雲端服務供應商之間的競爭是創新的強大驅動力，亞馬遜為 AWS 所打造的深度學習工具也變得更易於使用。除了這些開發工具以外，所有的雲端服務也都提供預建的深度學習元件，這些元件立即就可以被使用，並可以整合到應用程式中。以亞馬遜為例，亞馬遜提供包括語音識別、自然語言處理以及一個「推薦引擎」的軟體包，這個「推薦引擎」可以像在網路購物或是線上看電影時，出現消費者很可能會感興趣的選項一樣，具備提供推薦的能力。[23] 這種套裝軟體最具爭議性的例子是 Rekognition 服務，它使開發商可以輕易取用臉部辨識技術。亞馬遜因向執法機構提供 Rekognition 而受到大量抨擊，因為某些測試顯示該套裝軟體可能特別容易受到種族或性別偏見影響。我們將在本書的第七章（211 頁）與第八章（244 頁）更仔細檢視這項倫理議題。[24]

第二個關鍵的趨勢是網路學習平台讓任何人只要態度夠積極且具備所需的數學能力，就可以獲得深度學習領域的基本能力。這類的例子包括透過網路教育平台 Coursera 所提供的 deeplearning.ai，以及提供完全免費的線上課程和軟體工具的 fast.ai，都讓深度學習更容易入門。[25] 在就業環境中，往中上階層爬的道路幾乎總是需要投資大量的時間和金錢以獲得各種正式的認證，而成為一位深度學習的從業者，至少在當前相關工作者供不應求的狀況下，將是少數可以打破就業環境的例外。任何能夠成功完成線上課程，並且展現能夠熟練應用深度神經網路的人，都很有機會可以開啟一條回報豐碩的職業道路。

隨著訓練和工具都越來越優化，以及有越來越多的開發商和企業都開始使用人工智慧的應用程式，這項科技將以多種不同的方式大量被應用，我們很有可能會看到某種「寒武紀大爆炸」（指短時間內出現爆炸性成長）。在其他主要的電腦計算機平台上也有過類似的事件。在 1990 年代，當微軟的 Windows 出現、成為個人電腦的主導平台時，我正在矽谷經營一家小型軟體公司。一開始，Windows 的應用程式開發是一項高度技術性的工作，和 C 程式語言與包含神秘細節的幾千頁操作手冊有關。但是，隨著非常易於入門的開發環境，像是微軟的 Visual

Basic 等更簡單上手的工具出現，可以參與微軟程式編碼的人數大幅增加，很快地帶來了應用程式的爆炸性成長。

　　行動裝置的電腦運算也依照類似的軌跡發展，而現在蘋果的 App Store 與 Google 的 Play Store 都提供了無數的應用程式，幾乎可以滿足任何想像得到的需求。人工智慧，更精準地說，深度學習，也可能出現同樣的爆炸性發展。在可預見的未來，人工智慧將成為新的電力，不會再因為較普遍的機器智慧而流動，而會因為特定的應用程式觸及的範圍越來越廣，而驅動人工智慧的流動。

## 互相連結的世界與「物聯網」

　　「人工智慧成為新電力」的最後一塊拼圖是大幅改善後的網路連結。這項最重要的關鍵因素很可能會是在未來幾年推出的第五代行動通訊技術服務（fifth-generation wireless service），或稱「5G」。5G 預期將會讓行動數據的速度提升至少十倍，甚至可能高達一百倍，這將顯著提升網路的連結容量，同時也大幅消除目前的瓶頸。[26] 這將不可避免地導致未來的世界更加互聯，幾乎可以及時進行通訊。我們可以想像，屆時幾乎所有的東西都將互相連結，包括設備、電器、車輛、工業機械與我們實體基礎建設的許多元件，而且通常會透過在雲端運算的智慧演算法進行監管與控制。這樣的未來願景被稱為「物聯網」

（Internet of Things），而我們所迎來的世界，會像是在你的冰箱或廚房的其他地方裝有感測器，當感測到某項物品的存量不足時，就會將這項訊息發送給演算法，演算法會提醒你，甚至可能會在網路上自動下單購買。如果冰箱的運轉沒有達到最佳化，有另一種演算法可以透過自動化或是遠程解決方案來做到這件事，即將發生故障的物品將被標示為需要更換。機器、系統與基礎設施會自動診斷，還會在問題剛發生時就進行修復，這種模式正在整個經濟與社會中擴張，並很有可能為我們創造巨大的效率收益。在許多方面，物聯網就像是將目前運行雲端數據的演算法釋放出媲美超人等級的高效率，在更廣闊的世界運作。然而，所有這些高效率的進展也會帶來一些非常真實的風險，尤其是在安全和隱私方面，我們將在第八章（244頁）中聚焦探討這些關鍵議題。

　　這個日益互相連結的世界將演變成一個提供人工智慧的強大平台。在可預見的未來，最重要的人工智慧應用程式都將集中在雲端上。然而，隨著時間過去，機器智慧的運用將逐漸變得分散。設備、機器與基礎設施將因為採用了最新的 AI 專用晶片而變得越來越聰明。這也是像神經形態計算這類的創新可能造成重大影響的地方。所有這一切的結果，是一種強大的新公共資源，能夠在幾乎所有地方提供機器智慧。

## 價值就在數據中

　　由於主要的雲端服務供應商在價格與技術能力上競爭，使用人工智慧的硬體和軟體的成本似乎一定會下降。與此同時，科技巨頭正在努力整合業界前瞻性研究人員所開發的最新成果，透過雲端提供的人工智慧服務也將會不斷地升級。隨著這些發展，即使是最先進的人工智慧技術也變得越來越商品化，除了雲端運算的客戶付費代管數據以外，其他的人工智慧技術將幾乎可以免費使用。事實上，這個跡象已經出現了。Google、Meta 與百度等公司都以開源的形式發布了各自的深度學習軟體，換句話說，這些公司將深度學習軟體免費贈送給我們。各大組織，像是 DeepMind 與 OpenAI 所進行的最先進研究也是如此，這兩家公司都在領先的科學期刊上公開發表，讓所有人都能看到他們各自的深度學習系統的詳細資訊。

　　但是，有樣東西是任何公司都不會免費贈送的：數據。這代表人工智慧科技與其所吞噬的龐大數據之間的強大協力作用，將無法避免地向一個地方傾斜。幾乎所有因此產生的價值都將落入擁有數據的人手中。這個現實被普遍認可，且往往導致大家假設科技巨頭將完全主宰任何和大數據或人工智慧有關的領域。不過，這忽略了一個事實，那就是數據的所有權明顯會因為不同產業和經濟領域而垂直化。當然，像 Google、Meta 與亞馬遜等公司確實控制著難以想像的珍貴數據，但這些數據通常僅限於網路搜尋、社群媒體和網路購物交易等領域，在這些領域競爭的老牌公司或許可以維持主導地位，但也有更多完全不同類型的數據會存在整個經濟和社會中，受到政府、組織與其他領域的企業所控制。

大家常說數據就是新石油，如果我們接受這個比喻，那麼可以依此類推說這些科技公司在很多方面都將扮演著類似跨國油田服務公司哈利伯頓（Halliburton）的角色，提供科技與從資源中提煉價值所需的專業知識。當然，科技巨頭自己也掌握著龐大的數據儲存量，但是這個不斷擴大的全球數據資源中，最大量的數據仍然掌握在科技巨頭以外的他人手中。舉例來說，健康保險公司、醫療體系、政府管理的國民健保服務等企業與組織皆掌控著擁有巨大價值的數據。可以肯定的是，他們會採用大型科技公司所開發的最新人工智慧技術，這些人工智慧技術將透過雲端提供，但他們在很大程度上將會把從數據中提煉出的價值保留在自己手中；其他像是金融交易、旅行相關的預訂與網路評論、消費者在實體零售店內的流動動向所產生的大量數據，以及在交通工具與工業機械中所裝設的無數感測器所產生的工作數據，也都是如此。在每一種情境中，無所不在的機器智慧作為新的公共資源，將被經濟體中不同的單位所應用，以處理這些單位所擁有的特定種類數據。

這所包含的一項重要意義，是人工智慧應用所產生的大部分價值，將由科技領域內最明顯的競爭者以外的單位所獲得。

利用人工智慧所獲得的利基將會廣泛地分散在不同單位手中。電力的比喻在這裡也能派上用場。電力為誰帶來最大的價值？是電力公司嗎？還是核電產業？都不是，答案是像 Google 與 Meta 這樣消耗大量電力，並且找到方法將電力這種無所不在的商品轉化為巨大價值的公司。當然，這個比喻並不完美，而且毫無疑問地，那些身處人工智慧創新的前線並提供這項不斷進步的資源的公司，將掌握巨大的價值和力量，但是透過人工智慧應用所產生的利基卻很有可能會在其他地方累積，尤其是當人工智慧逐漸變為一種商品化的實用工具時更是如此。

　　雖然人工智慧創造的價值將會分散在不同的經濟區塊中，但在特定產業內情況可能正好相反。在「將人工智慧運用到商業模式中」這個方面位居前沿的公司，很可能擁有巨大的先行者優勢。由於握有極具效率的大數據與人工智慧策略的公司將獲得顯著的競爭優勢，這很可能導致贏家通吃的情況。數據對於有效應用人工智慧扮演著極為關鍵的角色，因此邁向人工智慧策略的第一步，幾乎一定是成功的數據策略。這代表企業與組織必須聚焦於建立有效的數據收集與管理系統，以此作為部署人工智慧的前奏。在某些情況下，這也包括需要處理重要的道德問題，例如和員工與消費者有關的隱私問題。那些行動不夠積極的企業組織很可能會被拋在後頭。我們正在迅速邁向這個現實：任何將人工智慧的大好機會拱手讓給他人的企業、政府或組織，都是在犯下非常嚴重的失誤，我們可以合理地將之比喻成斷開與電網的連結。

＊＊＊

　　隨著人工智慧發展成為一種真正通用的工具並滲透到每個企業、組織和家庭，人工智慧一定會改變我們的經濟和社會。這是一個會在幾年與幾十年內上演的故事，而其所帶來的衝擊將不會是一致的。在某些領域，人工智慧可能會在幾年內發生改變，在其他領域則需要更長的時間。在下一章，我們將著眼於人工智慧作為一種系統性科技的實際層面，試著分辨媒體炒作與現實狀況，並深入探討這種快速發展的科技與澈底顛覆我們生活的大流行病之間的交集。

第三章

# 媒體炒作之外：一位現實主義者對人工智慧作為通用資源的看法

2019 年 4 月 22 日，特斯拉舉辦了一場名為「自動駕駛日」（Autonomy Day）的活動，其宗旨是宣傳公司在每輛特斯拉車輛中所裝設的自動駕駛技術。該活動的重頭戲是執行長伊隆·馬斯克、其他高層主管與工程師所做的簡報。在活動中，馬斯克說：「我對預測特斯拉明年推出自動駕駛計程車（robotaxi）非常有信心。」他接著表示，到 2020 年底，特斯拉將有 100 萬輛這樣的車會在公共道路上營運。[27] 馬斯克所說的「自動駕駛計程車」是指真正可以自動駕駛的車輛，能在沒有人在車內的狀況下開車，還能接乘客並將乘客送到隨機位置；換句話說，這是真正機器人版本的優步（Uber）或 Lyft。

這是一項驚人的預測，幾乎和所有與我聊過的專家的預測相去甚遠。幾天後，我出現在彭博電視台（Bloomberg TV）上，說我對馬斯克的預測「感到震驚」，我認為這是「非常樂觀，甚至可能有點魯莽」的預測。我會這樣說，是因為如此激進的預測幾乎肯定會為特斯拉帶來必須如期實現的市場壓力；再加上，特斯拉會提供車主透過下載軟體取得新功能的能力，而如果聲稱提供全自動化功能但未經檢驗的軟體突然交到駕駛手中，可能會非常危險。公司讓顧客測試早期版本的新電玩遊戲或是新社群媒體應用程式可能不會有問題，但是對於可能會導致人員傷亡的軟體來說，這不是一項負責任的策略。[* 28] 事實上，特斯拉的自動駕駛功能過去也曾經造成致死的事故。此外，我認為很顯而易見的事情是，即使該公司能在一年內或一年左右完善這項技術，但是要充分進行車輛測試與獲得監管單位批准將會需要更多時間。所以，到 2020 年底將有 100 萬輛特斯拉自動駕駛計程車在路上跑是不可能發生的事情。就算是在這個時間點內，只有一輛真正自動化的車在大馬路上跑也是很令人驚訝的。

　　「自動駕駛日」活動的大部分時間主要是在探討特斯拉正在自主開發的一種特殊訂製的新型自動駕駛微處理器晶片。過去，特斯拉使用的是輝達為了深度神經網路而優化的晶片。特斯拉聲稱新的晶片提供了前所未有的動力，但是輝達的高層迅速反擊，指出他們最新版本的人工智慧晶片與特斯拉正在開發的產品相比毫不遜色，甚至更快。[29]

---

* 2020 年 10 月，特斯拉確實發布了它所謂的「全自動輔助駕駛套件」（Full Self-Driving Package）。該軟體只提供給有限額的特斯拉車主下載，並計畫在接下來幾個月增加使用人數。這套軟體提供了像是自動停車與在有限的市區道路駕駛的能力，但是目前這些功能都與可以合理地被稱為是「自動駕駛」的功能相去甚遠。特斯拉承諾會升級套件，並宣布未來這套軟體的價格將會上漲，希望鼓勵車主購買早期的版本。美國國家公路交通安全管理局注意到這件事，並宣布將會「密切監控新的技術」與「將毫不猶豫地採取行動以保護大眾免於不合理的安全風險」。

　　儘管如此,當我看著「自動駕駛日」的展示時,我清楚地意識到,特斯拉確實有顯著的競爭優勢,這項優勢最終可能會讓特斯拉超越競爭對手,成為第一家推出全自動駕駛汽車的公司。這項優勢不是特殊的計算機晶片,甚至不是演算法。相反地,就像人工智慧領域常見的情況一樣,特斯拉的優勢在於特斯拉所控制的數據。每輛特斯拉都配備了八組持續運作的攝影鏡頭,捕捉車輛四周的道路與環境的影響。車上搭載的電腦會檢視這些影像,決定哪些是公司可能會需要的,然後以壓縮格式將這些影像上傳到特斯拉的網路。有超過 40 萬輛這樣配有攝影鏡頭的車正在全球的馬路上跑,而且這個數字還在快速增加中。換句話說,特斯拉握有真正龐大的真實世界攝影數據寶庫,沒有一個競爭對手可以與之匹敵。

　　特斯拉的人工智慧總監安德烈・卡帕斯(Andrej Karpathy)解釋了特斯拉如何從配備攝影鏡頭的「車隊」上叫出特定類型的圖像。舉例來說,如果特斯拉的工程師想要訓練其自動駕駛系統學會應對道路正在修繕的狀況,就可以叫出幾千幅真實世界的建築工地影像,然後使用這些影像在電腦模擬中訓練其自動駕駛軟體。因為所有自動駕駛車輛的計畫都會用到大量的模擬,特斯拉整合大量真實世界數據的能力,是一項潛在的破壞性優勢。正如人們常說的,真實比虛構更離奇,沒有任何工程師能設計出某種模擬情境,可以近乎複製特斯拉不斷擴張之車隊中的攝影鏡頭所捕捉到、詳盡且往往令人意外的現實。

　　這個例子描繪了關於人工智慧進展的新聞報導在傳達重要訊息的同時，也經常混入炒作與聳動的文字。正如我所說的，人工智慧注定會成為一種無所不在的實用工具，最終將會影響到幾乎所有事物。然而，有些技術問題比其他技術問題更難解決，因此發展不會是一致的，尤其是在人工智慧領域某些最引人注目和最被大肆宣傳的應用程式，表現可能會不如我們的預期，而在其他通常不被注意到的領域，人工智慧的戲劇性進展可能會讓我們感到驚訝。本章將介紹一些案例與方向，針對我認為在相對短的期間內將會有顛覆性發展的領域，以及其他可能需要更長時間醞釀的領域提供我的見解。

## 你所下單的家用機器人將延遲交貨

　　自從一些科幻作品首先創造出家用個人機器人以來，這個未來就引起了我們的集體想像，期望著一台可以打掃房間和洗衣服，還能像一位不會疲倦的管家般隨時準備提供服務的機器問世。這樣的機器前景又是如何呢？目前而言，我們先把大多數人都熟悉的例子，包括《傑森一家》（*The Jetsons*）的機器女傭蘿西（Rosie the Robot）與《星際大戰》（*Star Wars*）中C-3PO 拋開不談，然後想一下某種比較不那麼有野心的景象：一個功能性的機器人，具有實用的功能，雖然功能蠻有限的，但是能夠整理房間、執行多種基本家庭清潔任務，然後，甚至有可能依據我們的指令而從冰箱拿啤酒給我們。我們多快可以看到價格合理，我們認為非常實用，甚至沒它不行，以致廣大注重性價比的消費者願意買單的個人機器人呢？

非常遺憾，現實是，這樣的機器人可能存在於很遠的未來。事實上，個人機器人的問題在於它們根本沒辦法做很多事。對於一台真正有用的機器人的最低要求，包括在像家這樣不可預測的環境運作所需的視覺感知、移動能力與靈巧性，是機器人科學中最艱鉅的挑戰之一。到目前為止，試圖將消費機器人推向市場的公司，甚至還沒有真正開始克服這些挑戰。反之，他們所生產的機器能力非常有限，而大多數人對這樣的價值主張（value proposition）都是存疑的。

這些挑戰的代表性例子是「Jibo」，這是被宣傳為第一個「社交機器人」的機器，由美國麻省理工學院的辛西亞·布雷齊爾（Cynthia Breazeal）所開發，她是世界頂尖的機器人專家。2017 年秋季推出的 Jibo 能夠在社交與情感層面上與人互動，是一款高約 12 英吋的桌上型塑膠機器人。Jibo 沒有手臂、腿或輪子，但是它確實具備能夠傾斜與轉頭的能力，在與主人交流時至少可以營造出一種類似人類連結的錯覺。這款機器人可以參與基本的對話，並做一些圍繞著資訊檢索為中心的事情，它可以在網路上查找東西、取得天氣和交通報告、播放音樂等等。也就是說，Jibo 提供了一系列與亞馬遜搭載了 Alexa 的 Echo 智慧喇叭大致相似的功能。當然，Echo 無法移動，但是 Echo 的背後是亞馬遜龐大的雲端運算設施與規模更大的高薪人工智慧開發團隊，Echo 的資訊檢索和自然語言功能可能更強大（而且肯定會隨著時間而越來越強大）。Jibo 最大的問題在於其 900 美元左右的定價。事實證明，雖然這款機器人可以模仿人類的頭部姿勢，而且隨著它所播放的音樂起舞的能力很討人喜歡，但對於大多數的消費者而言，這樣的能力根本不值得多花那大約 800 美元（Echo 智慧喇叭的價格約為 56.98 ～ 79.98 美元）。製造 Jibo 的新創公司在燒了 7,000 萬的創投資金後，於 2018 年 11 月倒閉。[30]

　　據報導，亞馬遜正在開自己的家用機器人「Vesta」。這款機器人被形容是「有輪子的 Echo」，能夠在家中來去並依照命令移動。[31] 儘管如此，我還沒有看到任何報告是有關亞馬遜計畫為機器人加上手臂或是這款機器人將具備用身體操作環境的能力。在缺乏這些功能的情況下，其價值主張將同樣地受到大家的質疑。由於最便宜版本的 Echo 價格為 50 美元左右，為什麼要花高價買會移動（速度可能很慢）的 Echo，而不是簡單在家裡四處放上便宜的 Echo ？這些都是一直困擾著機器人產業的問題，就算是亞馬遜，其是否能在短期內成功推出商業性的家品，目前仍然不太明朗。

　　要了解真正功能齊全的家用機器人的這道門檻有多高，請想像一下這一項可預期的任務：從冰箱中取出啤酒的能力。假設沒有任何像是樓梯或關上的門這類的主要障礙，要到達冰箱可能是最簡單的部分。機器人在已知環境中移動的技術已經到位，「Roomba」掃地機器人就是展現出這項功能的案例。

然而，當機器人到達冰箱前，它就會需要打開冰箱的門。你可以自己試一下，注意一下你需要出多大的力氣。這不僅僅是使用蠻力的問題，你可以輕鬆打開冰箱門，是因為你的體重可能超過 100 磅（約 45 公斤）。請思考一下這種狀況的物理學。任何能夠成功打開冰箱門的機器人都不會是塑膠玩具，它不會是有輪子的亞馬遜 Echo。一台可以做任何事情卻不會簡單翻倒的機器需要非常有重量，而且要操縱一個為人類所設計的環境，它也需要合理地接近人類的比例。這台機器的價格將會相當高。就算我們能夠找到一種廉價的方法來創造必要的平衡重量，例如在塑膠機器人身上加入水，這些所需重量仍然需要強大的馬達和耐重的輪子，才能推動機器人。

冰箱門打開後，接下來機器人需要定位啤酒的位置。如果它藏在昨天晚餐吃剩的外賣食品容器後面怎麼辦？如果啤酒是綁在一組六罐的塑膠套環中呢？一個機器人有辦法成功取出一罐啤酒嗎？請想一下，根據塑膠套環剩下的啤酒數量，要取出啤酒的機制可能會完全不同，是完整的六罐啤酒組合，還是只剩一罐啤酒但上面仍然綁著塑膠套環呢？一個能夠完成這種簡單事情的機器人需要非常地靈巧，並且可能需要有兩隻非常昂貴的機械手臂，因為只有一隻是不夠的。

當然，我們也可以很容易就想像到解決這些問題的方法。

也許啤酒需要放在冰箱內指定的正確位置。忘掉六罐裝的包裝吧。啤酒的任何包裝都必須拆掉，而且也許每一罐啤酒都必須放上一個 RFID 電子標籤，這樣機器人就不用只靠視覺來找到啤酒。也許有一天，啤酒會使用某種專門設計成機器人可以輕易拿取的未來包裝。但就目前而言，所有這些需求都會增加我們的不便，光是這點就足以澆熄花大錢買機器人的熱情。

　　而且，別搞錯了，任何真正功能齊全的家用機器人都需要非常可觀的財務投資。電動馬達、機械手臂以及為機器人提供視覺感知、空間定向與觸及回饋的各種感應器，都不受摩爾定律（Moore's Law）導向的成本減少所影響。摩爾定律的成本減少是半導體產業的特徵，這讓電腦計算的能力變得更便宜。家用機器人的根本問題在於，為了提供給消費者真正的價值，它至少需要擁有近似人類本身的操控能力。而且，事實證明，人類是非常有效率的生物機器人。

　　想像一下，在你面前的桌子上面有兩件物品，左邊的是一個實心的鋼承軸，直徑 3 英吋（約 7.6 公分），重約 4 磅（約 1.8 公斤），右邊的是一顆雞蛋。你可以輕鬆拿起其中的任何一件。想想當你分別抓住這兩件物品然後抬起它們時，你手上的肌肉會需要施加多大的力氣。想想看如果你搞混了這兩件物品，然後用了錯誤的力道，會是什麼結果。即使你的雙眼被矇住，你也很有可能僅靠著觸覺反饋就可以安全地拾起這兩件物品。就算辦到這件事所需的控制軟體已經被開發出來了，想要在機械手臂上複製這種能力所需的馬達與感應器也是相當貴的。

現實的情況是，在機械手臂與讓它們能夠栩栩如生活動的演算法上進行了幾十年的研究後，它們的靈巧程度仍然未接近人類的水平。羅德尼・布魯克斯（Rodney Brooks）是全球最重要的其中一位機器人專家，也是 iRobot 的聯合創辦人，他設計了 Roomba 與一些全球最先進的軍用機器人，他透過我們常看到用於撿垃圾的長柄塑膠夾工具來說明這一點：

那個非常原始的（夾子）可以做到目前任何機器人能做到的奇妙操控，但它就是一個很原始的塑膠製便宜貨……這就是關鍵：操控的是你。通常，你所看到研究人員設計的新機器人的影片，其實是一個人握著機器人的手四處移動並執行任務。他們也可以用同樣的小小塑膠夾取玩具來完成同樣的任務，因為在執行任務的是人類。如果真的那麼簡單，我們就可以將這個夾取玩具接上一隻機器人手臂，然後讓它來執行任務，人類可以透過在手的末端抓著這個玩具來完成任務，機器人為什麼不行？這中間還有很大的缺口。[32]

即使負責整理家裡的機器人已經具備必要的靈巧程度，要辨別可能遇到的幾千種不同的物體，然後弄清楚如何處理它們，仍然是一個挑戰。哪些東西應該要小心地歸還到該放的地方？哪些東西是該丟掉的垃圾？如果無人監督的機器人可能弄亂你家的某個房間，你願意容忍多少的錯誤率？

不過，以上這些並不代表家用機器人永遠不會出現。目前，機器人在克服障礙上已經有了很大的進展。舉例來說，未來的機器人似乎有可能透過連結到雲端來識別它們所碰到的物體。Google 的智慧鏡頭（Lens）服務就展現了令人驚豔的功能，這個應用程式讓我們可以將手機對準幾乎任何東西，接著就會自動辨識，並提供描述性的資訊與列舉出相似物體。

隨著世界的連結性變得越來越強，物聯網越來越受歡迎，機器人身上所使用的感應器將會被廣泛地應用在不同的應用程式上，而對這些設備的需求增加所導致的規模經濟應該可以降低其成本。隨著機器人持續打入商業領域，機器人的其他元件最終也會發生同樣的情況。

同樣地，研究人員也已經成功利用深度學習與其他的技術來打造更靈敏的機械手。其中一個最引人注目的案例來自 OpenAI，2019 年 10 月，OpenAI 宣布他們設計了一套系統，這套系統由兩組整合的深度神經網路所組成，讓機械手能夠解開魔術方塊。[33] 這套系統用高速模擬的方式進行訓練，在經過約等同一萬年的強化學習後才成功。即使對人類來說，要用一隻手解開魔術方塊也絕非易事。雖然該公司宣稱它們已經達到了「接近人類水平的靈巧性」，但是事實證明，這對 OpenAI 的系統來說也很有難度：機械手在十次嘗試中，有八次會讓魔術方塊掉下來。[34] 儘管如此，這樣的新進展代表了真正的進步，正如我們將看到的，在許多工業與商業化環境中，提高機器人的靈巧性將在接下來幾年內造成重大的衝擊。在需要於高度不可預測的環境中操控機器人的人工智慧變得更強大且必要元件的價格大幅下降之前，在可預見的未來中，大眾負擔得起且真正能派上用場的家用機器人仍然遙不可及。

## 倉庫與工廠：機器人革命的起點

如果說技術上的限制與經濟因素，決定了多功能且高效的家用機器人可能會需要很長的時間才會出現，那麼在許多工業與商業化的環境中，情況則正好相反。這是因為在工廠或倉庫的封閉空間內，支配外面世界的大部分不可預測性與混亂是有可能被消除，或至少被降到最低程度的。大多數情況下，這包括重新規劃空間中人類、機器與材料之間的互動與流程，才能利用機器人的能力，同時又解決機器人的限制問題。為了讓可靠的機器人順利拿取啤酒（與其他任何物品），而嚴格要求必須將啤酒等物品放在冰箱內精準的座標上，這樣的價值主張可能不太吸引人，但是在產品量非常大的商業環境中，即使效率只有少少的提升也能帶來巨大的財務回報，這樣的話，計算的方法就非常不同了。

亞馬遜和其他網路零售商的配送中心的內部運作，最適合拿來說明這一切。在這些大型建築物的牆內，機器人革命早就已經在進行中，並且毫無疑問地將會加速。不到十年前，這樣的倉庫幾乎總是由幾百位工人在擺滿幾千種不同庫存的高聳貨架之間的走道上跑來跑去。工人通常會被分成兩組：「裝載員」負責接收新到的庫存，並將它們放到貨架上適當的位置；「揀貨員」則會前往這些地點拿取物品以完成客戶訂單。倉庫內的活動永遠都是瘋狂地亂成一團，也許就如同一個特別失序的蟻丘一樣，一個標準的工人可能會在一次值班之中搬運十幾英里或更長的距離，匆匆忙忙地來回去隨機的地點，也常常需要爬梯子來拿貨架最上方的商品。

　　在亞馬遜最現代化的配送中心裡，這種忙亂的活動已經轉化成另外一種景象。現在工人是在原地不動，而庫存貨架則由全自動化的機器人抬起，加速在目的地之間匆忙來去。這次倉儲重組源自於亞馬遜在 2012 年時以 7.75 億美元收購了以倉儲機器人聞名的新創公司 Kiva Systems（隨後更名為 Amazon Robotics）。這些機器人看起來有點像是巨大的冰上曲棍冰球，重達 300 多磅（約 136 公斤），在一個用柵欄隔開的區域內漫遊，這個區域設計成可以避開任何與人類工人發生碰撞的風險，而這些機器人會根據貼在地板上的條碼前進。機器人在演算法的控制下運作，將裝滿庫存的貨架運送到工人的工作站，然後工人的任務是把貨品放到可用的位置，或是拿取特定的產品以完成客戶訂單。

　　現在，在亞馬遜全球的配送中心，有超過 20 萬台這樣的機器人在運作。其帶來的成效，比一個標準的揀貨員在一小時內可以拿的物品數量增加了三到四倍。[35] 到目前為止，機器人整體上還沒有取代工人。事實上，亞馬遜的倉庫聘僱的員工大幅增加，這在某些程度上抵銷了因為網路購物越來越受歡迎而消失的傳統零售工作。這些在平滑、無障礙的地板上跑的機器人最多可以承載重達 700 磅（約 318 公斤）的庫存，而工人則留在原地，執行需要視覺和靈巧性的任務，這類任務是至少到目前為止任何機器人都無法做到的。[36] 工人和機器之間的這種協同作用有助於亞馬遜不斷提升為客戶服務的水準。舉例來說，如果沒有對機器人技術的大量投資，亞馬遜在 2019 年推出的 Prime 會員一日配送服務根本不可能辦到。另外像是隨著新冠肺炎爆發，亞馬遜的客戶需求飆升，但是許多倉庫工人卻生病了，在這種情況下，自動化顯得更為關鍵。

　　雖然這種工人和機器人利用各自的相對優勢的配合方式，不可否認地帶來了效率提升，但這也同時以正面與負面的方式改變了這些工作的本質。在新的制度下，在倉庫走道間跋涉的疲憊被令人麻木的重複性所取代。工人現在站在原地，一小時又一小時地從到達這裡的貨架上裝載或揀選物品。根據一項分析，在亞馬遜的倉庫受傷的發生率是零售產業平均值的兩倍以上，而且受傷發生率實際上是因為新機器人技術而提升，這有部分原因來自於重複性動作傷害與從更高的架子上取下重物的緊繃動作。[37] 產業顧問馬克・沃爾夫拉特（Marc Wulfraat）告訴

《沃克斯》（Vox）記者傑森‧德雷（Jason Del Rey），「每天在水泥地上走 12 英里來挑選這些訂單上的貨品……如果你不是 20 歲的人，那麼工作一週後你就會累倒。站在一塊橡膠墊上，貨物會來這裡找你，這比傳統方法的生產力高三倍，也更人性化，……但是拿東西的速度快三倍也代表更多因為重複性動作與更快速地搬運與處理訂單所造成的耗損」。[38]

　　事實是，在這樣的設施內，工人正在逐漸失去他們的能動性，然後轉變為基本上相當於外掛的生物神經網路，以目前為止機器智慧還無法實現的能力，填補了以機器化為主的流程中的空白。這導致的其中一項結果是在美國和歐洲的配送中心都發生抗議事件，抗議人類被當作機器人對待，而且工人在要求越來越嚴苛的演算法監督下，不斷被要求必須達到不合理的工作期待。[39] 在我看來，如果這些工作漸漸被認為是不人道的，甚至是危險的，而且工人也越來越被推至身心極限，那麼當必要的技術成熟時，這將不可避免地為裁掉這些工作提供合理性。

　　事實上，在這些封閉且相對可受控的環境中，自動化將會無情地向前推進，運作也將會越來越不需要密集的勞力。亞馬遜已經積極採取行動，讓其倉庫營運的許多方面都自動化。《路透社》（Reuters）記者傑佛瑞‧達斯汀（Jeffrey Dastin）在 2019 年 5 月的一份報告指出，亞馬遜一直在導入先進的機器，可以做到將產品放到準備運送給客戶的箱子內的封箱包裝工作。由於機器人仍然缺乏可以確實拿取高度多樣性的產品並將它們放入箱子內的靈巧性，因此這些機器幾乎是在物品沿著輸送帶傳送時，依據物品的四周範圍立即製作客製化的箱子。這些機器每小時可以裝箱約 600 到 700 件物品，這是人類工人能力可以做到的五倍。亞馬遜內部兩位曾經參與這項計畫的人士告訴達斯汀，這項計畫最終可能會導致美國各地多達 55 個倉庫中約 1,300 個工作被裁掉。[40]

亞馬遜也在分揀中心推出了看起來像小型曲棍冰球的 Kiva 機器人，亞馬遜透過分揀中心將包裹分發到開往不同目的地的卡車。小型的機器人不會扛著庫存的貨架，而是將單個包裹搬運到分揀中心地板上對應到郵遞區號的特定位置，然後包裹會滑入地板上的一個洞內，接著被送到在下方等待的卡車上。[41] 當然，所有的這些都是另一個生動的例子，說明了如何從頭開始設計與重整整個環境，以最大化機器人自動化卻有限的能力。隨著機器人不斷進步，變得更多功能與更熟練，可以肯定的是，這些環境會定期重整，以善用新的可能性並最大幅度地提高生產力。

在倉庫與工廠中，一旦機器人在抓取和操縱物品的能力方面最終達到接近人類的水準，自動化的終局就會展開。在這之後，大家恐懼的「變成僅剩相對少數人監督與維運機器的完全自動化倉儲」將成為現實。亞馬遜明顯表現出對實現這個里程碑的濃厚興趣，這家公司主辦了許多備受吹捧的年度競賽，在這些競賽中，來自全球各地大學的工程團隊會競相建造機器人，這些機器人需要執行現在亞馬遜的工人在做的任務，也就是從倉庫貨架上挑選物品。[42] 雖然打造可以準確抓取幾千種不同物品的機械手，已被證實是一項艱鉅的挑戰，因為這些不同的物品將包含所有不同的尺寸、重量、形狀、質地與包裝配置，朝著這條路向前邁進仍是不可避免的。亞馬遜執行長傑夫・貝佐斯在 2019 年 6 月時的某個論壇上說，「我認為抓取物件的問題將在十年內被解決」，儘管事實上「這個問題的困難程度令人難以置信，但部分原因可能是我們才剛開始以機器視覺來解決問題，所以（這代表）必須先做到機器視覺」。[43] 換句話說，目前從事庫存裝載員與揀貨員工作的數千人（占了該公司倉庫的大部分人力），正走在十年內將被裁員的下坡路。

然而，對工作的影響將會顯現，甚至會比上述的時間提早很多。這裡最關鍵的因素仍然是倉庫內受控制且相對可預測的環境。在我看來，在這樣的環境中，機器人不一定要接近完美才能帶來重要價值。事實上，在機器人的連續失誤可預測的狀況下，機器人只要能確實處理好標準倉庫中 50％（或者更少）的庫存貨品，就可以大幅提升生產力。亞馬遜擁有龐大的數據流量，能用來準確預測機器人完成訂單時可能成功或失敗的地方。從消費者在網路上送出訂單的那一刻起，亞馬遜就非常清楚訂單中有什麼物品，而且應該不難預測該訂單是否適合完全由機器人來完成，或是需要將訂單轉給人類工人。

能夠確實預測機器人運作的結果，並且找到處理機器人失誤的變通方法，是易於控制的倉儲型環境與更加混亂的外在世界的明確界線。對於前者來說，機器人可能會在相對不久的將來蓬勃發展；而針對後者，諸如自動駕駛這類科技所面臨的挑戰可能會更加艱鉅。一個被預期能夠處理好它所碰到的 50％貨物的倉庫機器人可能非常實用；但是一輛在馬路上行駛，在99％情況下能夠暢行無阻的自動駕駛汽車卻可能比沒用更慘，因為那少少的 1％情況幾乎保證是災難。

亞馬遜的銷售呈現長尾分布趨勢。在亞馬遜的倉庫裡，顧客最常大量訂購的商品，只占了庫存相對較小的一部分，這個事實可能會讓具有完成部分物流能力的機器人變得更有價值。能夠不斷地抓取和大量處理這些受歡迎、需求量大的商品的機器人，對提高生產力來說是特別有效的方法。即使機器人的任務只是完成這些預期可以處理的物流訂單，沒有任何機器人是完全可靠的，為了處理偶發的問題，我們不難想像將有一個人類工人監督好幾個物流機器人運作，並在問題出現時插手調整。這導致的結果是，倉庫自動化的普及並不會在機器人的靈巧性確實達到媲美人類的程度後才發生，它更有可能是一步一步發生、一點一點完成革命，而在這中間的每一個階段，倉庫的工作流程都會跟著被重新設計。

## 亞馬遜以外追求真正具備靈巧性的機器人

　　在亞馬遜針對機器人方面的舉措因公司規模與影響力而引起大量關注的同時，其他的網路競爭對手所經營的設施情況也大致類似，各種實體的零售連鎖店也是如此。其中又以北美和歐洲的食品雜貨業特別積極朝著配送中心自動化邁進，以提升效率並展開網路銷售，這有部分原因是人們預測亞馬遜於 2017 年收購全食（Whole Foods）後，將會擾亂食品雜貨市場。

　　總部位於英國的歐卡多（Ocado）是這個領域的其中一個領導品牌，該公司除了經營自己的線上食品雜貨服務以外，還向全球連鎖超市銷售其倉庫自動化的技術。在該公司位於英國安德沃的配送中心裡，有超過 1,000 台機器人在軌道上跑，軌道則排列在一個類似巨大棋盤的高架網格結構上。有多達 25 萬個箱子可以放在與棋盤上的正方形相對的位置，每個箱子都存放著某一種特定的食品雜貨，機器人會在上方的軌道上跑並抓住箱子，接著將箱子拉進它們盒子狀的內部，並把箱子運送到拿取個別物品與包裝客戶訂單的工作站。這些機器人會自主運作，其透過行動數據網路來通訊和導航，並會定期返回充電座為電池充電。[44] 如果其中一個搬運箱子的機器人發生故障，甚至還有專門的復原機器人會來救援。安德沃的廠區每週能夠處理大約 6.5 萬筆線上食品雜貨訂單，其中包括 350 萬件單品。[45]

　　就像在亞馬遜的倉庫裡面一樣，這些機器人專注於處理可以快速移動之物品的物流，而在這些自動化中，人類主要扮演的角色是負責揀選與包裝，因為這樣的工作仍然需要人類的靈巧性。典型的食品雜貨清單會包含種類繁多的物品，包括罐頭食品、盒裝物品、新鮮農產品，這對機器人操作造成了特殊的挑戰。正如科技記者詹姆斯・文森特（James Vincent）指出的，「沒有什麼比一袋橘子更能難倒機器人了」。其困難之處在於「袋子以太多種奇怪的方式移動，沒有明顯可以抓住的地方，而且如果壓得太用力，這袋橘子就會變成橘子汁」。[46] 儘管如此，歐卡多已經在做機器人實驗，試圖克服這些挑戰。該公司正在運用各種機械拿取手臂，例如透過吸盤來舉起罐頭等表面適合吸盤之物品的機械手臂，以及有朝一日將能抓取更易碎物品的軟橡膠機械手臂。

　　打造真正靈巧的機器人已成為矽谷風險投資公司主要的關注點，許多資金雄厚的新創公司也跟著興起，並在研究前線進行創新時採用各種方法。Covariant 是其中一家最引人注目的新創公司，該公司成立於 2017 年，但是直到 2020 年初才浮上檯面。Covariant 的研究人員認為，「強化學習」（reinforcement learning）——或本質上來說，透過反覆試驗來學習——是最有效的進步方法，該公司宣稱正在打造一個以大規模深度神經網路為基礎的系統，它被稱為「機器人的通用人工智慧」（universal AI for robots），並期望這套系統最終可以為各種機器人提供動力，這些機器人可以「從周圍的世界中看見、推理和行動，完成對傳統由程式控制的機器人來說太複雜與太多樣性的任務」。[47] 該公司由加州大學柏克萊分校與 OpenAI 的研究員所創立，已從深度學習領域一些最亮眼的名人身上獲得投資與宣傳，這些名人包括圖靈獎得主傑佛瑞・辛頓（Geoffrey Hinton）與楊立昆（Yann LeCun）、Google 的傑夫・迪恩（Jeff Dean）與 ImageNet 創辦人李飛飛。[48] 在 2019 年時，Covariant 在瑞士工業機器製造商 ABB 舉辦的比賽中，憑藉著展示出唯一一種無須人工干預即可識別與操作各種物品的系統，擊敗了其他 19 家公司。[49]Covariant 將與 ABB 以及其他主要公司合作，為倉庫與工廠所部署的工業機器人導入智慧，Covariant 相信這樣最終能讓機器人的感知和靈巧程度達到媲美或甚至超過人類的水準。

　　許多致力於這個領域的新創公司與大學研究人員都像 Covariant 一樣，認為建立在深度神經網路和強化學習之上的策略，是推動朝更靈巧的機器人發展的最佳道路。值得注意的例外是 Vicarious，這是一家位於舊金山灣區的小型人工智慧公司。Vicarious 成立於 2020 年，比 2012 年時 ImageNet 競賽將深度學習推向最重要的位置早了兩年，Vicarious 的長遠目標是實現人類水準的人工智慧或通用人工智慧。也就是說，這家公司在某種程度上是與知名度更高且資金更充足的 DeepMind 與 OpenAI 這類新創公司競爭。我們將在第五章（119 頁）深入探討這兩家公司所開闢的道路，以及人類對於人類程度的人工智慧的整體探索。

　　Vicarious 的主要目標是打造比典型深度學習系統更靈活的應用程式，或者如人工智慧研究員會說的，比較「不易損壞」。具備這樣的適應能力，對於任何預期將處理目前由人類所處理的各種任務的機器人來說，都是一項關鍵的要求。Vicarious 的技術合夥創辦人迪利普・喬治（Dileep George）曾經負責該公司的人工智慧研究，他認為打造具備理解和操作環境能力的機器人，是實現更通用智慧的重要途徑。該公司在 2020 年初也透露，開發物流與製造所需的多功能機器人將是公司短期主要的經營策略。

　　儘管對細節保密，但 Vicarious 聲稱已開發出一套創新的機器學習系統，其靈感來自人腦所扮演的作用，並被命名為「遞歸皮質網路」（recursive cortical network）[50]。該公司正在部署這套系統來驅動已為其第一批客戶所投入生產的機器人。這些客戶包括科技公司必能寶（Pitney Bowes）的物流部門與化妝品公司絲芙蘭（Sephora）。Vicarious 的機器人具備驚人的任務提升能力，它們能在被指派的任務初始執行的幾小時內得到明顯的進步。[51] 其目標是打造出具備比從庫存貨架或儲藏箱中挑出物品更多能力的機器人，並且在這之上設計出真正具有多種操作能力的機器，這些能力包括整理與包裝物品，取代管理工廠機器、負責放入與取出零件的工人，以及執行詳細的組裝工作。Vicarious 已經募集到至少 1.5 億美元的風險投資，也得到矽谷某些知名人士的支持，包括伊隆・馬斯克、馬克・祖克柏（Mark

Zuckerberg）、彼得・泰爾（Peter Thiel）以及傑夫・貝佐斯。

　　Vicarious 在人工智慧方面取得進展的同時，也在追求一種創新的「機器人即服務」（robots as a service）商業模式，這種模式最後可能會在不同產業中產生顛覆性的影響。Vicarious 沒有製造或銷售自己的機器人，而是從 ABB 等公司收購機器人，將這些機器人與 Vicarious 自己專有的人工智慧軟體整合，然後將機器人出租給公司，模式大致類似臨時職業介紹所安置人類工作者的方式。這樣的結果是，Vicarious 的客戶公司不用做和工業機器人相關的前期投資與長期投入。這直接解決了使用機器人最大的缺點：機器從購入、安裝到執行的成本都相當昂貴，投入的資金要很久才能回本。傳統的工業機器人缺乏人類勞動力所具備的彈性與適應性。無論何時，只要工廠或倉庫內的流程發生變化（這可能會經常發生，有時候每幾個月就會發生一次），就需要對機器人進行耗時且昂貴的重新編程。這是阻礙機器人在這些環境中被更廣泛使用的主要因素。機器人即服務的商業模式與快速訓練機器人執行新任務的能力相結合清楚地顯示一個機器人將與人類一樣具有適應性的未來正在逼近。這很可能會顛覆各行各業的遊戲規則。

　　Vicarious 並不是唯一一家察覺到這種商業模式之優勢的公司。澳洲的自動化科技公司 Knapp 也採用類似的商業模式，這家公司使用的是由 Covariant 軟體所驅動的機器人。2020 年 1 月時，Knapp 的高層主管彼得・普赫溫（Peter Puchwein）告訴《紐約時報》（*New York Times*），Knapp 的策略就是將其機器人的費用訂的比僱用人類工作者的成本還低。舉例來說，「如果某家公司每年支付一位員工 4 萬美元薪水，Knapp 就會收取大約 3 萬美元的費用」。「我們的收費只會更便宜，」普赫溫告訴《紐約時報》，「這基本上就是我們的商業模式，對於客戶來說，要做出決定並不困難」。[52] 當然，除了較低的成本以外，機器人不需要休假、從不生病、從不遲到，且通常不會受到任何人類工作者不斷出現之管理上的問題與不便影響。

就算機器人變得更加靈巧並開始展現接近人類水準的能力，這些機器人仍然需要很長一段時間才能成為消費者負擔得起的家庭消費產品。但是在諸如工廠與倉庫等環境中，事情比較容易預測，獲利和效率的邏輯將會不可避免地改變工人和機器人之間的平衡，這樣的顛覆可能會來得比我們預期的更快。我們已經看到，機器人不僅越來越擅長物理操作，也越來越有彈性且具備適應性，這將使它們越來越有可能被配置在電子裝配等領域，在這些領域中，最關鍵的是要能夠快速改變製造過程以適應新產品。所有這一些都很有可能會成為人工智慧演化成類似電力的公用事業故事中的重要篇章，人工智慧的觸角將會因此伸入經濟的幾乎每一個層面。

這最終將對就業將帶來很大的衝擊，特別是因為近年來線上購物持續破壞傳統的零售業，而倉庫與配送中心一直是相對上創造就業機會的亮點。若是在持續衰退的經濟狀況上應用這些商業模式來振興產業，將可能會帶來特別嚴重的後果。同樣地，如果冠狀病毒（或是因此對下一次大流行病有揮之不去的恐懼）持續存在，面對圍繞著社交距離或工人生病而產生的相關問題，機器化生產將是具有吸引力的解決方案。我們將在第六章（173頁）更全面地探討人工智慧和機器人技術對就業和經濟可能造成的衝擊。

## 傳統零售業和速食產業即將迎來的人工智慧革命

2019年3月，《彭博社》（*Bloomberg*）發表了一篇名為〈在第二走道的機器人〉（*Robots in Aisle Two*）的文章，深入探討人工智慧、機器人科學與自動化在美國實體零售商中的興起。這篇由產業記者馬修·博伊爾（Matthew Boyle）所撰寫的文章指出，大型雜貨連鎖商特別有興趣採用新的科技，以阻擋亞馬遜即將進入市場可能造成的威脅。乏味的雜貨產業最近一次的重大創新是在1970年代後期導入條碼掃描機，現在卻急著實驗「貨架掃描機器人、動態定價軟體、智慧購物車、行動結帳系統、商店後面的自動化迷你倉庫」以及其他以人工智慧為主的新技術。[53]

儘管如此，這篇文章引用了一位業內人士聽起來頗溫和的評論，「你不會很快在目標百貨公司（Target）內看到機器人，」該公司的執行長說，「人與人的接觸還是很重要的」。[54] 在這篇文章刊登於《彭博社》網站上的大約兩天前，中國武漢出現了首例有記錄的 COVID-19 病例。在接下來的幾個月內，我們所有圍繞著「人與人接觸」的感知價值進行的計算，都以無法想像的速度重置與重新校正。毫無疑問，在任何人類工作者將會直接接觸到消費者動線的環境，冠狀病毒危機都將大幅加速推動自動化。這不僅是因為對維持社交距離與衛生的擔憂，還因為隨著病毒而來的經濟衰退造成對效率的重視不可避免地提升。即使當前的危機成為歷史，這種趨勢也很可能在很大程度上是不可逆的，而且幾乎可以肯定的是，除非有效的疫苗或治療方法變得普及化，否則疫情危機不會成為歷史。

　　從在地雜貨店到全國與區域連鎖店等規模不等的零售商，都積極在部署能夠執行專門任務的機器人。舉例來說，自動擦地機器人製造商 Brain Corp 的銷售額就出現了大幅的成長，因為新冠肺炎危機讓店面有做夜間深度清潔的緊迫必要性。沃爾瑪（Walmart）預計在 2020 年底前在美國的 1,800 多家店中安裝這些機器。[55] 這家零售巨頭還利用分揀機器，讓新送到的庫存貨品在從卡車上卸貨下來時以類別整理。同樣地，零售商正在投資購買巡行於走道間的庫存掃描機器人。沃爾瑪預計在 2020 年夏天以前在至少 1,000 家店面讓這些高達 6 英尺且配備 15 個攝影機的機器可以自動檢查貨架並掃描產品的條碼。[56] 機器人所收集的數據將傳遞給追蹤店內庫存的演算法，然後立即提醒工人需要補充特定的貨品。有分析顯示出缺貨的商品與較低的店內銷售額呈現直接相關，因此，庫存機器人有助於立即增加獲利並讓客戶有更好的感受。事實上，機器學習演算法已被用在管理所有事情上，包括從庫存量到產品選擇，再到特定商品在店內擺放的位置。這些配置讓實體零售商開始善用和亞馬遜在經營網路購物時有效利用的同一類人工智慧。

最近最熱門的趨勢是將所謂的「迷你物流中心」整合到傳統雜貨店的後面。這是由包括 Takeoff Technologies 和以色列的 Fabric 在內的許多新創公司所設計，所提供的機器人完成物流任務的能力在許多方面都相當於歐卡多等公司所建造的大型配送中心。迷你物流中心讓雜貨店能夠有效地完成線上訂單的操作，而且每週最多可以準備 4,000 筆訂單。[57] 藉由將線上營運和主要店面區分開來，這項技術讓雜貨店能夠避免將店員派至可能很擁擠的走道去取商品，同時也能減輕店內顧客消費區的庫存壓力，儘管在冠狀病毒造成衛生紙恐慌性搶購潮的時代庫存壓力可能比較低。雖然小型物流中心缺乏規模經濟，無法像大型獨立倉庫一樣享有成本優勢，但是前期預付的資本支出和將這些系統整併進現有店面的時間都大幅減少了，這對於小型的連鎖店與獨立經營的商店來說都是相當重要的優勢。

一般來說，部署在零售環境中的機器人與倉庫或工廠中的機器人具有相同優勢與局限。這些機器可以在商店後面有效地挪動與分類素材、遊走於走道間、擦洗地板或掃描產品條碼。他們目前做不到的是在貨架上放上庫存貨品。阻礙機器人革命遍地開花的最主要限制往往是靈活性。就像機器人還不能從倉庫的貨架上挑出各種不同種類的物品一樣，它們也還不能勝任更嚴格地要求將產品放在貨架正確位置的工作。當然，具備真正靈巧性的機器人開始出現後，這種情況一定會發生變化。

　　同樣值得注意的重點是，整體零售業的商業模式正在轉變。大多數的實體店家都承受著來自亞馬遜與其他網路零售商無情的壓力，而且銷售業績似乎無法避免地逐漸從傳統零售的環境轉向大規模、自動化程度更高且由電子商務供應商所經營的配送中心。即使在食品雜貨業，網路購物與配送也越來越受歡迎，甚至因為冠狀病毒危機高峰的時期幾乎每個人都得待在家中而大幅加速發展。時間將會證明這種消費者偏好轉變是不是永久性的，但目前看起來，當消費者習慣食品雜貨都會送到家門口的便利性後，這種習慣轉變將會持續相當長的一段時間。這可能導致零售雜貨店全面重新配置，店面後方的自動化營運將變得越來越重要，分配給店內消費者購物的空間與產品庫存將漸漸縮小。最後，我們可能會看到雜貨店本質上變成近似於立刻提供送貨或取貨服務的倉庫，店裡可能只會提供一小塊區域，讓消費者透過多媒體服務機或行動裝置下單前先看看陳列的展品。

　　零售自動化有一項特別重要的趨勢，甚至不需要任何機器人的靈巧性，也不需要移動任何東西。在「無收銀商店」（cashierless stores）這種全新的零售模式中，購物者只需要走進店裡、從貨架上拿走商品，然後就可以離開，甚至不用排隊結帳，也不會碰到收銀櫃檯，甚至不用操作任何明確的支付系統。這個概念最早出現在 2018 年亞馬遜的「Go 便利商店」。消費者進入大約 2,000 平方英尺的店面時，首先在他們的智慧手機上開啟一個應用程式，然後在他們經過類似地鐵站閘門的地方時掃描手機上的應用程式。進入店內後，他們只需從貨架上取下商品，並將這些商品直接放入購物袋即可。這些動作會透過集中在整個店內天花板上的感應器和攝影鏡頭來整合。雖然亞馬遜並未公開細節，但是這些相機能夠準確追蹤從貨架上被拿下來的產品，並由深度學習系統處理數據，這個系統會使用圖像辨識功能在購物者走過走道挑選產品時，準確地記錄下每位消費者的購買狀況。

　　雖然這項技術並不完美，有時候確實會發生一些損失，但要刻意騙過系統是一件很困難的事。例如，消費者可以拿走一樣商品，然後把它放回貨架上，也許是放在不同的位置，然後再次拿起這樣商品，但是這項商品仍然會被正確地列出。即使是公然嘗試在店內行竊，例如在拿取商品的時候做遮掩，或是快速將商品放入口袋而不是購物袋，也很少能成功。一旦購物者離開商店再次通過閘門時，購買的商品將自動記入消費者的亞馬遜帳戶。[58]

　　亞馬遜已在美國的主要城市開設了 26 家 Go 便利商店，而且根據報導，其計畫最終在美國開設多達 3,000 多家商店。[59]

2020 年 2 月，亞馬遜向大家介紹了其第一家正常大小無收銀雜貨店。座落於西雅圖國會山郊區的這家超市面積約 1 萬平方英尺，庫存商品約 5,000 件。雖然亞馬遜一如既往是最受矚目的市場競爭者，但是有許多新創公司正在競相將類似的技術推向市場。例如 Accel Robotics 在 2019 年 12 月就以其「Grab and Go」技術獲得 3,000 萬美元的風險投資。其他新創公司包括 Trigo、Standard Cognition 與 Grabango，他們全都從投資者那裡募集了至少 1,000 萬美元資金。[60] 根據報導，亞馬遜現在也在將技術授權給其他零售商。[61] 換句話說，我們很快將會看到一個充滿活力且競爭激烈的技術市場，競相提供不用結帳通道的店面。有鑑於此，可以肯定的是，現有的各種零售商將轉而採用這種新模式。

如果無收銀商店變得越來越受歡迎，它們就有可能引發重大的產業顛覆，並且最終讓僅在美國就超過 350 萬人的收銀員工作面臨重大風險。除了便利性提升與節省排隊結帳的時間以外，這些商店特別適合受到冠狀病毒影響的未來，因為它們提供完全無接觸的支付方式，讓消費者再也無須與人類員工近距離接觸。諷刺的是，隨著冠狀病毒的流行，亞馬遜暫時關閉了大部分的 Go 便利商店，這也許是因為這些商店太受歡迎了，總是吸引許多消費者且造成很長的排隊隊伍。但是從長遠來看，這項技術似乎非常適合一個社交距離在至少一段時間內都非常重要的世界。

　　另外一個我認為機器人自動化將在相對不久的將來造成重大影響的產業是速食業。例如麥當勞就一直大力推動在全球的麥當勞餐廳安裝觸控式點餐機。根據媒體報導，麥當勞 2019 年在這些機器上花了將近 10 億美元，並預計 2020 年在美國幾乎全部的麥當勞餐廳都安裝這些機器。[62] 這種自動點餐機在歐洲的麥當勞餐廳已經是無所不在了。

　　在不久的將來，我們也可能看到餐廳後方的烹飪與準備食物的工作變得越來越自動化。這些工作在很大程度上是低技能需求，並且被劃分為一系列高度例行性的任務。這是維持低工資並因應 2019 年餐廳業的員工流動率高達 150％的策略。[63] 這些工作的機械化性質，讓逐漸用自動化機器取代人類工人的可行性變得非常高。

　　迄今最成功的例子之一，是位於舊金山的 Creator，該公司的第一家餐廳位在市場南地區，以精緻與具設計美感的機器人，每 30 秒機械地製作出一個堪稱美食的漢堡。消費者可以透過手機應用程式客製化漢堡與下單。然後，機器人會從頭到尾完全自動化地生產漢堡。在這個過程中，沒有任何人類會碰到食物。這台機器還會做到一些你即使在僱用了人類廚師的高級餐廳也看不到的事情。肉是剛剛才做的新鮮絞肉，每個漢堡裡面的起司都是現刨的，麵包和蔬菜都是收到客戶訂單後依據訂單而切的。Creator 漢堡的售價是每個 6 美元，如果是其他餐廳提供類似品質的食物，你預期要付的大概會是這個金額的兩倍。這家公司的策略不是製作廉價的機器人漢堡，而是降低勞動力成本，然後將更多成本投資在食物的品質上，一般的餐廳可能只會花 30％在食物上，Creator 則將大約 40％的成本分配給食物。[64]

事實證明，開發和製造能夠全自動生產美味漢堡的機器並非易事。Creator 成立於 2012 年，我曾在 2015 年出版的《被科技威脅的未來》一書中寫到了這家公司，那時公司的名稱是 Momentum Machines。在機器人準備好投入生產與舊金山的據點在 2018 年 1 月開幕之前，這家公司花了六年多的時間在硬體與軟體工程、設計與測試上。而這家已從 GV 和其他頂尖矽谷風險投資公司獲得資金的公司，現在可能準備快速擴張，或是可能會將其技術授權給其他餐廳。

Creator 的策略是利用自動化生產製造高級漢堡，其他新創公司很可能會迅速加入這個行列，不過這些公司開發的則是能生產廉價漢堡的機器人。我認為，主要的速食連鎖店以及較小的獨立餐廳最終將不可避免地開始引入這些技術。一旦一家主要的市場競爭者開始使用這些技術，並且能夠因此技術而獲利，接著發生的動態競爭幾乎就一定會帶來自動化的普及。

這股衝擊將不會只影響漢堡。企業家將找到有效的方法來配置機器人生產披薩、墨西哥捲餅以及你最喜歡的咖啡飲料。認為客戶更喜歡和這種環境中的人類員工互動的傳統觀點在冠狀病毒之後很可能完全改變。突然之間，一台可以完全在沒有人為接觸的狀況下準備好食物的機器具備了顯著的行銷優勢。

在我寫這本書的同時，世界各地的餐廳很大程度上都僅提供外帶服務。隨著病毒流行的危機持續發展，結果是消費者的偏好將發生永久性的改變，變得更傾向於外帶，這將會盡一步降低人際互動所帶來的所有優勢，改變餐廳的商業模式與成本結構，並很可能加速整個產業往自動化發展。

## 醫療保健領域的人工智慧

在 1970 年到 2019 年的半世紀裡，醫療保健支出占美國 GDP（國內生產毛額）的比例增加了一點五倍以上，從大約 7％ 增加到大約 18％。[65] 其他已開發國家的醫療保健支出趨勢的上升弧度不像美國那麼極端，且目前的支出數字都低於美國，但是情況和美國大致相似。像是在德國、瑞士和英國等國家，同期支出占 GDP 的比例至少多了一倍。[66] 這股全球的趨勢主要來自於所謂的「成本病」（cost disease）或「鮑默爾效應」（Baumol effect），由經濟學家威廉‧鮑默爾（William Baumol）與威廉‧鮑恩（William Bowen）在 1966 年出版的一本專門描述表演藝術領域成本病的書中闡述了這種經濟現象。[67]

成本病的主要概念是，在經濟中的某些產業，尤其是醫療保健和高等教育，都需要高度專業的工作者做非例行性且無法規模化的工作，結果導致這些產業中看不到在整體廣泛的經濟中明顯看到的生產力成長。例如，隨著工廠的自動化不斷進步，製造業工人付出的努力所帶來的成果能夠被大幅擴大。零售與速食產業也是如此，這些產業所導入的新科技加上更高效的職場組織、管理技巧、新商業模式（包括大賣場與網路購物的崛起），同樣地提高了生產力。然而，在醫療保健領域，患者仍需要醫生、護士與其他具備相關技能的專業人士的高度個人化關注。誠然，新的知識與科技提升了照護的品質，並大幅改善了患者的治療效果，但到目前為止，這並沒有像我們在工廠工人身上看到的那樣放大了醫護人員所做的工作量。儘管如此，醫療保健領域的工資不得不上漲，以跟上生產力更高的產業的工資。不這樣做的話，醫生和護士可能會離開他們的專業領域，或是根本不會進入這個產業，轉而尋找更有吸引力的機會。結果就是醫療保健成本在經濟中占了越來越大的比例。[68]

　　人工智慧最大的機會與挑戰之一，就是找到治療健康照護領域的成本病的方法。人工智慧是否能讓整個產業都發生生產力規模化增加的情況，而彎曲醫療保健支出的曲線？這還未發生，但是我們有很好的理由樂觀地認為長遠而言，人工智慧將對這個產業帶來顯著的影響。

　　機器人已經在醫院取得了重大進展，但它們受到的基本限制與我們在倉庫和零售環境中看到的相同。

　　舉例來說，消毒機器人正在變得越來越普及。這些機器能夠畫出醫院房間的虛擬地圖然後自動導航，同時將強烈的紫外線輻射指向每個表面。與人類的工作者不同，機器人從不會錯過任何一個地方。紫外線會迅速破壞病毒與細菌中的 RNA 或 DNA，而可以在約 15 分鐘左右對一間基本的房間進行消毒。這項程序已被證明比液體消毒液更有效，特別是因為一些最危險的「超級細菌」已進化為對這些化學物質具有抵抗力。位於聖安東尼奧的製造商 Xenex 的消毒機器人，在冠狀病毒大流行的最初三個月，其需求就增加了 400％。[69] 其他機器人會在醫院的走廊和電梯中自動導航以運送藥品、床單和醫療用品。這些機器人能夠承載重物，並會定期返回充電站把電充滿。大型的藥房機器人可以準確無誤地準備與分好幾千張藥單的藥，提升了效率並減少大型醫院的藥物錯誤。機器可以完全自動化操作這個過程，從醫生在醫院的電腦系統輸入處方後，到機器人裝好藥袋並貼上追蹤的條碼之前，沒有人會接觸到藥物。該系統還會追蹤藥品部的庫存，並每天自動產生新的藥物訂單。[70]

　　這些都是重要的進步，但是同樣地，它們僅限於醫療保健環境中最例行性導向的工作。沒有機器人可以規模化需要醫生與護士執行的高度專業的介入性治療。像是達文西外科手術系統（da Vinci system）這樣的手術機器人變得非常流行，而且確實可以強化外科醫生的能力，但是這些機器並不具有自主性。取而代之的是，原本應該手動進行手術的同一位醫生，現在則是操作機器人動手術。患者可能對結果更滿意，但是外科醫生和隨行的醫療團隊並沒有大幅地減少。醫生和護士的操作性工作對人工智慧來說是非常艱鉅的挑戰，因為這些工作需要極高的靈巧性加上解決問題的能力與人際溝通技巧，同時還需要具備處理不可預測環境的能力，在這種環境中的每種情況和每個患者都是獨一無二的。就物理醫療產業的機器人而言，我們在工廠與倉儲所看到的生產力放大的效應，可能存在於遙遠的未來，不僅需要大幅提升機器人的靈巧性，而且可能還需要通用人工智慧或是非常接近於通用人工智慧的東西。

　　有鑑於物理機器人的局限性，人工智慧對於醫療產業近期內所產生的任何重大影響，似乎將出現在不用移動的活動中；換句話說，人工智慧將在資訊處理與純粹性的智力工作上造成深遠的影響，例如診斷或是擬定治療計畫。使用機器視覺技術解析醫學圖像是特別有發展潛力的領域。許多研究都顯示，在眾多情況下，採用「卷積神經網路」（convolutional neural network，CNN）的深度學習系統能夠媲美或超越人類放射科醫生的能力。舉例來說，Google 和幾所大學研究人員所組成的團隊在 2019 年發表的一項研究顯示，深度學習系統在分析電腦斷層掃描以診斷肺癌方面能擊敗放射科醫生。Google 的系統有著94.4％的準確率，並且在沒有前一次電腦斷層掃描影像可以比對的情況下，「表現優於全部六位放射科醫生」，當有之前的影像可供比對時，「表現與這幾位放射科醫生相當」。[71]

　　同樣地，因為新冠大流行威脅到醫院的醫療量能，在某些情況下，放射學人工智慧被視為緊急時可使用的方法。在缺乏COVID-19 檢測的情況下，由於 X 光檢查可以顯示肺炎（往往是病毒所造成）的跡象，因而成為重要的替代診斷技術。在放射科醫生努力分析影像的同時，有些醫院會由於工作大量累積而延誤 6 個小時或更長的時間。針對此狀況，總部位於孟買的 Qure.ai 與韓國的 Lunit 這兩家人工智慧診斷工具製造商，快速調整了他們的系統以對抗冠狀病毒。一項研究顯示，Qure.ai 的系統在分辨 COVID-19 與其他引起肺炎的疾病上，有著 95％的準確率。[72]

像這樣的結果往往會引起一股熱潮，有時會被模糊成炒作，某一些深度學習領域的專家通常會認為人工智慧系統幾乎會在相對不久的將來完全取代人類放射科醫生。圖靈獎獲獎者傑佛瑞‧辛頓可以說是深度學習最傑出的倡議者，他在 2016 年表示，「我們現在就應該停止訓練放射科醫生」，因為「非常明顯地，深度學習在五年內就可以做得比放射科醫生更好」。辛頓將這些醫生比喻為《威利狼與嗶嗶鳥》（Wile E. Coyote and the Road Runner）裡的威利狼，牠著名的場景是經常在往下看之前才發現自己「已經超過懸崖邊緣」然後跌入深淵。[73] 在我寫到這裡的時候，也就是辛頓發表上述那段看法的四年後，沒有任何證據顯示放射科醫生即將失業，事實上，從業者積極反對他們的職業很快就會消失的論點。2019 年 9 月，史丹佛大學放射學系的艾力克斯‧布萊特（Alex Bratt）醫生發表了一篇題目為〈為什麼放射科醫生不用怕深度學習〉（Why Radiologists Have Nothing to Fear From Deep Learning）的評論，他提出充分理由闡述深度學習驅動的放射學系統缺乏彈性和整體性思維,而且通常只適用於簡單的案例。他寫道,這些系統無法整合來自「臨床病例、檢驗數值與過去的影像」等資訊。因此,迄今為止,該技術僅在「無須使用臨床資訊或先前研究結果的情況下,只使用一張影像(或幾張連續的影像)即可偵測到高特異度與高敏感度的個體」。[74] 我懷疑傑佛瑞・辛頓會爭論說這些限制遲早都會被克服,從長遠來看他很可能是對的,但我認為這會是一個漸進的過程,而不會是突然間的顛覆。

　　另一個現實狀況是,在這項技術本身的能力以外,存在著各種具有挑戰性的障礙,這會導致很難在短期內讓放射科醫生或任何其他醫學專業的醫生失業。在醫療產業中,幾乎所有層面都受到嚴格的監管,有時甚至由多個具有重疊權力的單位監管。要將執業醫生完全排除在外並非易事。與其他類型的工作者相比,美國醫學協會等組織的力量讓醫生對他們的命運握有更大的影響力。此外,還有很重要的責任歸屬問題。因疏失而造成患者產生不良結果的情況,往往很容易引起醫療事故訴訟,目前這種責任是由幾千名醫生來分攤,如果醫療行為改由財力雄厚的公司所開發與銷售的設備或演算法來執行,所有責任都將集中在同一處,而這很可能會成為吸引大量訴訟的誘因。從長遠的角度來看,這些都是可以解決的問題,但是在可預見的未來,我認為問題不在於人工智慧是否會取代放射科醫生,而是人工智慧能否顯著提高他們的工作效率。如果深度學習可以讓放射科醫生在給定的時間範圍內分析更多影像，同時提供即時判斷的第二意見以最小化錯誤率，這將放大個別醫生的工作產出，隨著時間推移，就可能導致醫學系學生選擇不同的專業，以因應市場對他們的服務的自然需求。

　　視覺影像當然不是深度學習演算法可以接觸到的唯一一種資訊形式。隨著病歷電子化而產生的大量數據在許多方面都很適合應用人工智慧。以能夠提高效率、減少成本和改善患者治療結果的方式利用這項資源，可能是短期內人工智慧在醫療領域最有希望的機會。根據某些說法，醫療疏失是美國第三大死亡原因，僅次於癌症和心臟病。每年有多達 44 萬名美國人死於可預防的疏失。[75] 由於管理不當造成的不正確用藥或劑量錯誤而導致憾事發生的狀況尤其普遍。

　　在一項 2019 年的研究中，以色列新創公司 MedAware 的人工智慧軟體被允許使用位於波士頓的布萊根婦女醫院從 2012 年到 2013 年將近 75 萬名病患的歷史數據。該系統標記了將近 1.1 萬個錯誤。分析結果後發現，MedAware 的軟體在發現合理錯誤方面的準確率為 92%，其中有將近 80% 的警示都提供了有價值的臨床資訊，而且有超過三分之二的事故是用醫院現有系統偵測不出來的。除了改善患者治療的效果和可能可以拯救生命，該研究還發現布萊根婦女醫院本來可以省下約 130 萬美元，這些是直接因為疏失而導致的治療費用。[76]

　　人工智慧在患者數據上最引人注目的應用發生在 2016 年，

當時 DeepMind 與英國國民保健署簽訂了一項為期五年的數據共享協議。國民保健署向 DeepMind 提供了超過 100 萬名病患的數據使用權限，而 DeepMind 開發出的實驗性應用軟體包括一套可以分析病患記錄與檢測結果，並在患者面臨急性腎損傷風險時立即警示保健署人員的系統，以及被證實能透過醫學掃描診斷眼部疾病的人工智慧系統，其準確性在某些情況下甚至優於醫生。雖然進展充滿希望，但這項合作在 2019 年被轉移到 DeepMind 的母公司 Google 時爆發了爭議。雖然 Google 聲稱已制定嚴格的隱私政策且這些數據將被匿名化處理，但是科技巨頭 Google 可以使用患者數據這件事還是令人擔憂，並立即引起了強烈反彈。[77] 這一切再次說明了技術以外的因素（在這個例子中是大眾意識到的隱私問題）會如何大幅減緩人工智慧在醫療產業的應用。

　　人工智慧在醫療產業最令人驚訝的成功案例發生在心理健康領域。Woebot Labs 是一家成立於 2017 年的矽谷新創公司，它開發了一種由自然語言處理技術驅動的聊天機器人，類似 Alexa 或是 Siri 所使用的技術，並且結合了由心理學家所設計、精心編寫的對話元素。Woebot 的方法本質上是將認知行為療法自動化，這套方法已證實可以幫助患有憂鬱或焦慮症的人。在聊天機器人發布後的一週內，有超過 5 萬人和這個應用軟體進行交談。正如創辦人兼執行長艾莉森‧達西（Alison Darcy）所指出的，「如果你在半夜兩點恐慌症發作，而沒有治療師可以或應該在床上陪你，Woebot 會在你身邊」。[78] 事實上，這個聊天機器人 24 小時都能使用，目前是免費的，這在心理健康治療上是全新的做法，而這個應用軟體也填補了一個關鍵的缺口。在美國，即使是有健康保險的工作者，享有心理健康服務的可能性往往也很有限；在許多醫療保健系統未達標準的發展中國家情況更是糟糕，在政府連提供給民眾基本的醫療服務都做不到的地區，對大多數人民而言，要獲得心理健康專家的幫助幾乎是不可能的事。Woebot 定期與超過 130 個國家的人對話，其中有許多人是透過使用人工智慧翻譯工具與提供純英文服務的聊天機器人進行互動。[79] 在一個心理健康危機變得越來越嚴重的世界裡，冠狀病毒的大流行又帶來更多的壓力與焦慮，讓情況變得更嚴重，這樣的工具對許多人來說可能是唯一可行的解決方案。我覺得有點諷刺的是，在醫療產業中被人們認為是最貼近人類本質的特定領域，卻是第一個受益於這種可擴展的人工智慧所驅動的生產力改善的領域。

在醫學領域最重要、可預見、真正具有顛覆性的突破，很可能是會在一般診斷與治療派上用場、既全面又可靠的系統，換句話說，是一種「盒子裡的醫生」（doctor in a box）。關鍵不在於取代醫生，而是讓最優秀的醫生的技能與經驗有效大眾化而擴大他們的影響力。我們很容易想像這樣的一個未來，有一個強大的人工智慧診斷系統，大幅提升了醫生的工作效率，同時創造一個環境，在這個環境中，即使是經驗不足或是平凡的醫生，也能受助於由一個等同菁英專家組成的虛擬團隊監督並不斷提供建議，來幫助碰到的病患。

　　我們顯然還沒有到達那樣的階段，在這條路上最早期的嘗試當中，有個故事值得我們警醒。Watson 電腦在 2011 年的益智問答節目《危險邊緣》（Jeopardy!）中獲勝後，IBM 積極採取行動，改為將這項科技運用在醫療與其他產業，並且以 Watson 為中心打造了價值數十億美元的新事業部門。IBM 的願景是 Watson 將吸收來自各種來源的知識，它會從教科書、臨床病例、診斷和基因檢測結果以及科學論文中吸收大量的資訊，然後以此為利基展現超人的能力，以即使是最厲害的專家也無法做到的方式，將每個點連接起來。IBM 希望這項技術能夠帶來有實際利益的應用軟體，例如針對癌症等複雜疾病制定個人化的治療計畫。儘管有大量的炒作與媒體文章報導，宣稱 Watson 將「上醫學院」並解準備要「對抗癌症」[80]，彷彿這是下一場《危險邊緣》一樣，但至少到目前為止結果並不令人印象深刻。在 2017 年，IBM 最大肆宣傳的其中一家醫療合作夥伴德州大學安德森癌症中心，在發現該技術沒有帶來真正的好處後，終止了與 Watson 的合作。[81] 儘管如此，IBM 仍然充滿信心，並繼續對此概念進行投資，越來越多其他的公司，包括新創公司與 Google 等科技巨頭也是如此。由於把資金投入真正成功的技術的回報相當驚人，激烈的競爭將會持續下去。我認為，最終一定不可避免地會成功，但是這需要超越當前深度學習方法的人工智慧技術，也就是說，需要這個領域最前線的研究人員正在追求的更通用智慧方面的突破。我們將在第五章（119 頁）介紹最前瞻的人工智慧進展。

最終，如果出現真的有能力且強大的系統，我認為這可能會打開新一類醫療專業人員的大門。這些人可能受過大學或是碩士學位教育，並經過專業的培訓，可以在病人和受批准與監管的醫療人工智慧系統之間溝通。這些成本較低的工作者不會直接取代醫生，但可能會在醫生的監督下工作，並且有能力處理更多常見的病例。美國的家庭醫生就是一個例子，通常他們會被患有相同慢性疾病的患者所淹沒，最常見的是肥胖、高血壓和糖尿病，而新一類能夠與人工智慧攜手合作的執業者，很可能對減輕這些負擔非常有幫助，同時還能擴大地理涵蓋範圍。美國許多的農村地區都已碰到嚴重缺乏醫生的狀況，而隨著人口老化，這種情況只會更惡化。為了解決這些問題，並且最終達到生產力的提升以控制醫療產業的成本病，我認為我們別無選擇，只能更加依賴醫療用的機器智慧。

## 自動駕駛汽車與卡車：比預期更漫長的等待

伊隆・馬斯克承諾在 2020 年底會有 100 萬輛機器人計程車上路營運只是自動駕駛汽車過度繁榮的例子。也許是因為汽車在我們的生活方式中占據了中心的位置，特別是在美國，沒有任何人工智慧的應用像是自動駕駛汽車那樣，受到如此大的關注與誇張的熱情歡迎。這個產業隨著 2004 年與 2005 年美國的國防高等研究計畫署大挑戰（DARPA Grand Challenge）而興起，並在技術上取得了驚人的進步，卻也經常未能達到過度誇大的預期目標。在 2015 年時，業內最知識淵博的人都普遍預測，全自動駕駛汽車將在五年內上路。克里斯・厄姆森（Chris Urmson）是這個領域的先驅，他曾擔任從 Google 獨立出來的自動駕駛汽車公司 Waymo 的科技長，現在是自動駕駛新創公司 Aurora 的執行長與創辦人，他曾提出著名的預測，說他當時 11 歲的兒子，在 16 歲的時候可能不需要去考駕照。此外，包括豐田與日產在內的主要汽車製造商，也都承諾會在 2020 年推出自動駕駛汽車。[82] 厄姆森對此充滿信心，並在 2019 年表示，他預計至少有「數百輛」全自動駕駛汽車會在五年內在公共道路上使用 [83]，且可能有 1 萬輛以上這類的汽車在十年內投入使用。[84] 我個人的觀點是，這些預測可能都是過於樂觀的。我會說，真正的自動駕駛汽車具有高度風險，因此在未來的許多年內，將會維持「即將在五年內實現」。

現實狀況是，自動駕駛汽車在高速公路和更多市區環境中的日常操作（或者說，在工作或多或少能如預期般運作的情況）在很大程度上已經得到了解決。如果公共道路的整體可預測程度和亞馬遜的倉庫內部一樣，自動駕駛汽車可能已經被廣泛使用了。問題就在於所謂的「極端狀況」，也就是幾乎無窮無盡的異常互動與狀況，讓自動駕駛汽車難以正確預測，或是不可能準確預測，甚至在許多情況下，難以正確解讀。大多數自動駕駛汽車的駕駛路線經過的街道，都需要有對街道高度精準的進階地圖繪製。因此，意外的道路關閉、施工或交通事故都可能造成問題。惡劣的天氣，尤其是大雨或大雪，也會是主要的障礙。但最大的挑戰，將是與一個由無法預測的行人、騎自行車的人與駕駛所組成的生態系統安全地互動。在像是舊金山這樣的城市，遇到分心或喝醉的行人的情況並不少見。即使是那些有警覺的人，也經常有難以被理解的行為，有時候是在特定的情況下或在特定的街區試探性地離開人行道，而在其他情況下則會有更激進的行為等。在人口密集的地區，駕駛和行人間的大部分協調有賴於社會互動，而這對於自動駕駛汽車來說是非常難以理解或複製的。透過眼神示意、揮手、跨出大步後停在中間等駕駛確認，以及許多其他微小的行為所交織而成的一種不用說話的語言，是每個共享道路的人都能理解的。我認為，透過談判協商的這類互動很可能已經超出當今深度學習系統的能力。換句話說，真正能夠自動駕駛的汽車可能需要的是在往通用機器智慧前進的這條路上所開發的科技，而這可能需要漫長的等待。

許多分析師認為，鑑於自動駕駛汽車在都會環境中所碰的種種困難，第一批出現在路上真正可行的無人駕駛車輛，將會是長途貨車。畢竟，在高速公路上駕駛這個問題，在很大程度上已被像是特斯拉的自動駕駛等系統解決了。雖然在高速公路上發生不可預測事件的可能性低於繁忙的城市十字路口，但是因為其中的速度與牽涉的車輛，是一輛滿載貨物、以龐大動能行駛的卡車，發生錯誤的後果會更嚴重。而且，雖然伊隆·馬斯克對此有著滿腔熱情，特斯拉的自動駕駛系統絕不會在沒有一個專注的駕駛員在車上的情況下上路。由於這些原因，我認為我們還需要很長的時間才能在公共高速公路上看到真正的無人駕駛卡車。

　　我推測，一家小公司所面臨的挑戰可能就包含了和整個產業有關的重要洞察。我在 2017 年初時受邀參觀了一家名為 Starsky Robotics 的新創公司。這家公司的執行長與聯合創辦人史特凡·賽爾茲－阿克斯馬赫（Stefan Seltz-Axmacher）向我解釋該公司的願景是建立一個能夠在高速公路上長途行駛的自動駕駛系統，但會由人工操作員遠端操控來監控卡車。當車輛駛離或是接近其路線的終點，或是遇到更複雜的狀況時，在公司總部的遠端操作員（通常是受過訓練的卡車司機）將透過蜂巢式網路連結與操作彷彿像是電玩遊戲的操控台來駕駛卡車。賽爾茲－阿克斯馬赫告訴我，他相信公司將在未來幾年內讓全自動無人駕駛卡車在美國上路。雖然這家公司的團隊和他們向我展示的技術都讓我留下深刻的印象，但我很懷疑他們能否實現這個目標，尤其是考慮到他們需要克服的法規障礙。儘管如此，賽爾茲－阿克斯馬赫與他的團隊仍然超出了我的預期：2018 年時，這家公司在封閉的道路上成功讓一輛無人駕駛卡車上路，然後在 2019 年時，成為第一家在公共高速公路上測試全自動卡車的自動駕駛汽車公司，當時車上並沒有安全駕駛員。

Starsky 所採用的商業模式也非常創新。Starsky 沒有和數量越來越多、資金雄厚的新創公司直接競爭，競相開發並希望獲得自動駕駛技術的許可。Starsky 反而決定直接進入卡車運輸產業，並在其中利用其系統獲得競爭優勢。這家公司的管理團隊認為，只有將技術的開發完全融入一家卡車公司的日常運作，然後善用優勢，彈性化地只在合理的地方部署這套仍在發展中的系統，這樣才能達到短期的成功。

遺憾的是，投資者最終對此願景並不買單，而該公司在未籌集到所需的下一輪風險投資後，被迫在 2020 年初結束營運。在那之後，賽爾茲－阿克斯馬赫寫了一系列的部落格文章，指出深度學習的局限是阻礙產業進步的主要挑戰之一。「受到管控的機器學習並不符合大家的期待，」他寫道，「這不是真正的人工智慧」，而是「一種複雜的模式匹配工具」。[85] 換句話說，一個能夠在任何情況下提供真正自動駕駛能力、不需要遠端人工監督的系統，很可能超出了當今深度學習系統的能力，並且不太可能在短期內出現。賽爾茲－阿克斯馬赫認為，大家尚未充分認識到這個產業所面臨的挑戰，而投資者錯過了一個在短期內讓一個自動駕駛卡車車隊駛上高速公路的機會，部分原因是過度聚焦在全自動化的未來，以及雖然新創公司爭相展示更先進的功能,卻與實際應用還有一大段距離。

開發功能足夠強大的技術是自動駕駛汽車產業面臨的最大挑戰,但是我認為在這類汽車的潛在商業模式上也存在某些實際上的問題。使用自動駕駛汽車最合乎常理的地方通常被認為是共乘服務。優步與競爭對手過去以來一直從風險投資或最近的 IPO 所獲得的資金中提取補貼每次乘車的成本。[86] 鑑於這不是可以長久持續下去的方法,自動駕駛汽車因而被廣泛視為長期的解決方案。在通常的情況下,司機可以獲得 70% ～ 80％的車資,如果這些司機不在商業模式的考慮範圍內,公司應該就有一條可以順利盈利的路。這是優步將自動駕駛汽車公司,尤其是 Waymo,視為生存威脅的主要原因,優步也因此選擇在 2016 年投入大筆資金於優步自身的自動駕駛專案。

「自動駕駛將解救這些公司」這個假設的問題在於,優步和 Lyft 的價值是被視作有吸引力的、以網路為基礎的公司,他們扮演的角色是數位的媒介,從每一筆交易中賺到一部分費用換取提供自動將乘客配對給駕駛的軟體。這些公司因此而可以完全避開計程車業務的風險和不愉快的部分:例如所有權、融資、維護與車輛保險。這些都被推到駕駛身上。優步或 Lyft 不用換機油、洗車或處理爆胎,它們在很大程度上占有優勢,只汲取乾淨的網路費用。然而,擺脫司機也意味著擺脫那些擁有和維護汽車、為它們帶來方便的人。一旦這些汽車變成自動駕駛汽車,這些公司將發現自己擁有龐大的車隊,也將承擔隨之而來的所有麻煩和費用。優步實際上會變得很像赫茲租車（Hertz）或安維斯租車（Avis），而這兩家公司的價值都不在於「科技公司」。另外，考慮到需要的專業設備，例如光學雷達系統，共乘汽車公司所擁有的車輛將更昂貴。再說，在冠狀病毒大流行之後，大家可能也更重視經常性對車輛進行適當的清潔和消毒，而這目前也是駕駛的責任。

　　我認為，觀察自動駕駛汽車在未來幾年的發展，包括最終興起的科技與商業模式，將會很有趣。目前，許多矽谷的新創公司正專注於開發和授權自動駕駛技術，而幾乎所有的汽車製造商也都各有不同程度的投資。這當中的任何一項計畫都有可能帶來顛覆性的突破，但我認為最有趣的故事，將會集中在Waymo與特斯拉因追求不同策略而讓彼此的差距不斷擴大，以及這兩家公司的競爭將如何隨著時間推移而發展。

　　Waymo 是 Google 於 2009 年啟動的自動駕駛汽車計畫的「後代」，擁有比任何公司都多的經驗，被普遍認為是行業領導者。Waymo 是唯一一家提供自動駕駛汽車服務的公司，付費客戶已經可以在沒有司機的情況下乘坐汽車。這項名為「Waymo One」的服務目前僅適用於鳳凰城郊區精心繪製的（或是經過「地理圍欄的」）區域中預先定義好的路線。這些區域道路很寬，天氣很好，行人稀少。換句話說，這項服務與叫一輛優步去舊金山或曼哈頓任何你喜歡的地方相去甚遠。儘管如此，Waymo One 仍是一項令人印象深刻的壯舉，我認為在可預見的未來，它或多或少會是自動駕駛汽車服務的樣貌：在精心規劃、不太具有挑戰性的區域中設有停靠點的指定路線中提供服務。當然，這再次點出了一個問題：這樣有限的業務將如何盈利。全自動乘車（搭乘非常昂貴的車）必須多便宜客戶才會選擇使用，而不是由人類駕駛、提供更靈活的門到門服務的優步或 Lyft？

　　雖然 Waymo 行事謹慎，但值得稱讚。特斯拉則不斷挑戰極限，經常越界進入許多業內人士認為近乎魯莽的領域。該公司已告知其現有客戶，他們的汽車擁有支持全自動駕駛所需的一切硬體，並且最終將通過軟體更新啟用該功能。這是一個非常雄心勃勃的承諾。特斯拉還與 Waymo 和業內幾乎所有其他公司不同，選擇放棄了光達（LiDAR，透過發出雷射光並檢測反射光來追蹤汽車周圍物品的系統）。光達價格昂貴，而且至少目前的實品長得並不美觀。特斯拉認為只要依賴攝影鏡頭和雷達就可以實現全自動化。正如前面所提到的，特斯拉在汽車上的多個攝影鏡頭收集的數據方面享有明顯的優勢。Waymo 擁有約 600 輛自動駕駛汽車；特斯拉則擁有不斷擴大的車隊，超過40 萬輛汽車在路上收集數據。Waymo 的車輛在實際道路上行駛了數百萬英里，在模擬中行駛了數十億英里[87]；特斯拉的汽車在其自動駕駛系統的控制下行駛了數十億英里。在實際道路上收集的所有數據是個明顯的優勢，但最終的成功將取決於人工智慧是否強大到能利用這些資源，我認為對於今天的深度學習技術是否能夠勝任這項任務存在真正的問題。

　　這個產業的另一個重要問題，是最終將提供的自動化程度。自動駕駛系統分為 5 級，級別 1 ～ 3 的系統都是輔助性質的系統。汽車可以在有限的情況下自動駕駛，例如在高速公路行駛時可以自動駕駛，但是駕駛必須保持警覺並準備好隨時都可回到操控汽車的狀態。包括特斯拉在內的大多數汽車製造商，都致力於提供在這一範圍內的功能。問題在於，因為這套系統幾乎都能一直正常運作，所以駕駛將無可避免地變成注意力不集中的狀態。舉例來說，有一些特斯拉的駕駛告訴我，他們在矽谷的高速公路的高乘載車道上使用自動駕駛系統時，經常會用手機回覆電子郵件。這種行為已經造成過致命的事故。目前仍不清楚要如何在長時間的例行性駕駛中成功提高駕駛的注意力。自動駕駛系統最大的賣點之一，是承諾有朝一日將大幅減少每年全球超過 130 萬人死於交通事故的人數。[88] 如果僅具備輔助性的系統持續帶來危險，它們可能不足以對減少這個數字帶來有意義的影響。

　　出於這個原因，Waymo 與該領域許多其他較小的新創公司，都決定專注於 4 級和 5 級的自動駕駛。這代表你可以在這樣的自動駕駛車上睡覺，事實上，這樣的車可能沒有煞車踏板或方向盤。就此，特斯拉再次成為一個異常的局外人。特斯拉聲稱可以彌合這兩個願景之間的差距，只要透過軟體更新就可以立即讓特斯拉的車輛從 2 級升到 4 級自動駕駛。很多人可能會說這是一個過分誇張的承諾,只不過是「霧件」(vaporware,指根本還沒開發出來的產品)策略罷了。如果特斯拉能夠在短期內達成這個目標,我會很驚訝,但是如果特斯拉能夠做到這一點,我認為它會很明確地將自己定位為產業的領導者。事實上,對這件事的期望可能在某種程度上已經被計入了公司股票的價格上。

伊隆・馬斯克和特斯拉管理團隊的其他高層顯然對完全自動駕駛的前景做了很多思考。除了技術以外,他們還開發了針對商業模式問題的潛在解決方案。在 2019 年的「自動駕駛日」活動上,馬斯克描述了一項讓特斯拉車主可以使用他們的車參與該公司經營的機器人計程車服務的計畫。和蘋果從其 App Store 獲得收入的方式一樣,特斯拉也將獲得一部分共乘的費用。這項提案有一個有趣的地方,它解決了最終將對優步與 Lyft 等公司造成困擾的所有權與維護問題。特斯拉可能已經找到方法來扮演純網路媒介的角色,同時還能避開擁有車輛的需求。大多數的特斯拉車主可能不想和陌生人共享他們的車,但是如果這個計畫被證明可行,那麼許多客戶可能會購買特斯拉汽車作為商業投資。

毫無疑問,自動駕駛汽車有一天將成為人工智慧革命最具體且最重要的表現形式之一,這項科技有可能重塑我們的城市和生活方式,同時還能拯救成千上萬的生命。但是我認為,我們需要等待十年或更長的時間才能看到這項技術實現。人工智慧革命的有力證據將首先出現在其他領域，例如倉庫、辦公室和零售商店，在這些地方，技術上的挑戰更易於管理、環境更可控、技術較少受政府監管，而且錯誤所造成的後果沒有那麼嚴重。然而，光是想到特斯拉的某一次軟體更新可能會證明我是錯的，就令人相當期待。

## 突破創新高原（innovation plateau）：
## 科學與醫學研究

　　對於那些所謂的「科技樂觀主義者」（technoptimist）而言，我們理所當然地生活在一個科技發展速度驚人的時代。我們被告知創新的速度是前所未有的，而且呈現指數級的成長。最熱情的加速主義論者（accelerationist）通常是雷蒙・庫茲維爾（Raymond Kurzweil）的追隨者。雷蒙・庫茲維爾將這樣的概念整理成「加速回報定律」（Law of Accelerating Returns），他的追隨者都相信在接下來的一百年裡，按照過去的歷史標準，我們將經歷某種「幾乎等同於兩萬年的進步」。[89]

　　然而，更仔細的觀察後，會發現雖然加速是真的，但是這種特別的進步幾乎完全局限於資訊與通訊技術領域。在這個領域之外，在由原子而非位元所組成的世界中，過去半個世紀左右的故事是截然不同的，交通、能源、住宅、實體的公共基礎建設與農業等領域的創新步伐不僅未達到指數級的成長，甚至可以說是停滯不前。

如果你要想像一個被不懈的創新所定義的生活，請想想出生在 1800 年代後期，然後經歷了 1950 年代或 1960 年代的人。這些人會看到整個社會以超乎想像的規模系統性地發生轉變。提供乾淨水源和管理城市汙水的基礎設施、汽車、飛機和後來的噴射推進，然後是太空時代的到來；電氣化以及因為電氣化而成為可能的照明、收音機、電視和家用電器；抗生素和可大量生產的疫苗；在美國，預期壽命從不到 50 歲增加到近 70 歲。相比之下，一個出生在 1960 年代的人將見證個人電腦和後來的網路興起，但是幾乎所有其他過去幾十年中具有如此澈底變革的創新，充其量只能看到漸進式的進步。你今天開的車和 1950 年可開的車之間的差異，以及 1950 年的汽車與 1890 年的交通選項之間的差異，前者根本比不上後者。遍布在現代生活中幾乎各個方面的無數其他科技也是如此。

電腦和網路所有引人注目的進步都未能達到預期，亦即前面幾十年所看到的那種廣泛的進步將繼續維持現況，這一事實也出現在彼得·泰爾著名的諷刺中：「我們期待的未來科技是會飛的汽車，但實際上我們迎來的是一條 Twitter 不可以超過 140 個字。」經濟學家泰勒·科文（Tyler Cowen）於 2011 年出版的著作《大停滯》（*The Great Stagnation*）就闡述了儘管資訊科技持續加速發展，我們仍一直生活在一個發展相對停滯的時代的論點。另一位經濟學家羅伯特·高登（Robert Gordon）則是在 2016 年的著作《美國成長的起與落》（*The Rise and Fall of American Growth*）中表達對美國未來非常悲觀的看法。這兩本書共同的關鍵論點是，科技創新領域中長在低處、垂手可得的果實都已在 1970 年代被大量採收了。結果，我們現在身處科技的停滯發展狀態，竭力想要碰到創新大樹上的更高枝幹。科文對此是樂觀的，他認為我們遲早會擺脫科技高原。高登則比較不樂觀，他認為即使是樹上比較高的枝幹可能也已經光禿了，而我們最偉大的發明可能已經落後我們了。

　　雖然我認為高登過於悲觀，但是有大量的證據顯示，產出新創意的普遍停滯是真實存在的。由史丹佛大學和麻省理工學院的經濟學家所組成的團隊在 2020 年 4 月發表的一篇學術論文發現，在各個產業中，研究的生產力都急劇下降。他們的分析發現，美國的研究人員產生創新的效率「每十三年就下降一半」，或者換句話說，「為了維持人均 GDP 的持續成長，美國必須每十三年將研究的產出量增加一倍，以抵消找到新創意不停增加的難度」。[90]「我們所探討的每個地方，」這些經濟學家寫道，「創意的想法以及其所指向的指數級成長都越來越難找到」。[91] 值得注意的是，這個現象甚至延伸到一直產生持續性指數級進步的一個領域。「在今天，要實現著名的電腦晶片密度翻倍，」這些研究人員發現，「所需的研究人員人數比 1970 年代所需的人數多了十八倍」。[92] 對此的一種可能解釋是，在能夠突破研究進入新領域之前，必須先了解現有最先進的技術。

而幾乎在每個科學領域，現在都需要汲取比以前多更多的知識。結果是，創新現在需要由具備高度專業背景的研究人員組成更龐大的團隊，而要協調他們的工作本質上就比規模較小的團隊更困難。

不可否認地，還有許多其他重要的因素可能導致創新放緩。物理定律指出，可獲得的創新不會平均分布在各個領域。當然，在航太工程領域沒有摩爾定律。在許多的領域，要碰觸到接下來一連串的創新果實，可能需要先做很大幅度的跳躍。過度或無效的政府監管與現今在企業界盛行的短期主義也都有影響。對研發的長期投資往往和公司過度聚焦每季收益報告或短期股票表現與高階主管薪酬間的組合格格不入。儘管如此，面對日益增加的複雜性和知識爆炸的需求而阻礙了創新步伐的情況，人工智慧很可能被證明是我們可以用來擺脫技術高原最強大的工具。我認為，隨著人工智慧不斷發展成為一種無所不在的通用工具，這將是人工智慧最重要的一個機會。從長遠來看，就維持我們的繁榮以面對前方已知和未知挑戰的能力而言，沒有什麼比強化我們用來創新和發想新概念的集體能力更重要的事情了。

人工智慧，尤其是深度學習，在科學研究中最有前途的近期應用可能是發現新的化合物。正如 DeepMind 的 AlphaGo 系統所對抗的是幾乎無限的比賽空間（在這個空間裡棋盤的可能配置數超越了宇宙中的原子數），「化學空間」（chemical space）

包含了每一種可想到的分子排列，實際上一樣也是無限的。想要在這個空間裡尋找有用的分子，必須對驚人的複雜性進行多方面的搜尋。需要考慮的因素包括分子結構的三維尺寸與形狀以及許多其他相關參數，例如極性、可溶性和毒性。[93] 對於化學家或材料科學家來說，仔細篩選替代物質是一個勞動密集的過程，必須反覆進行實驗與試錯。找到一種真正有用的新化學物質很容易就會耗費大部分職業生涯的時間。例如，現在在我們的設備和電動汽車中無處不在的鋰離子電池，源自 1970 年代開始的研究，但僅產生了一種在 1990 年代開始商業化的技術。人工智慧提供了可以極大化加速這個過程的希望。尋找新分子在許多方面都非常適合深度學習。演算法可以根據已知有用的分子特徵進行訓練，或者在某些情況下根據控制分子組態和相互作用的規則進行訓練。[94]

乍看之下，這似乎是一個相對狹隘的應用。然而，尋找有用的新化學物質幾乎和創新的每一個領域都有關。加速這一過程有望帶來用於機器和基礎設施的創新高強度材料、用於更強大的電池和光電池的反應性物質、可能減少汙染的過濾器或吸收性材料，以及一系列可能澈底改變醫學的新藥品。

大學的研究室和越來越多的新創公司都積極地轉向使用機器學習技術，並且已經在使用以強大人工智慧為基礎的方法來產生重要的突破。2019 年 10 月，荷蘭台夫特理工大學的科學家們宣布，他們能夠完全依靠機器學習演算法設計出一種全新的材料，無須任何現實中的實驗室實驗。這種新物質既堅固又耐用，但若對其施加超過某個門檻的力道，它也具有超強的壓縮性。這代表這種材料可以有效地被擠壓成其原始體積的一小部分。根據該計畫的其中一位主要研究員米格爾·貝薩 (Miguel Bessa)，具有這些特性的未來材料有朝一日很可能代表「自行車、餐桌和雨傘等日常物品可以折疊收進你的口袋裡」。[95]

　　這類計畫的研究人員通常需要具有強大的人工智慧技術背景，但其他大學的團隊正在開發更易於使用、以人工智慧為主的工具，這些工具預期將快速啟動新化合物的發現。例如，康乃爾大學的研究人員正在進行一項名為「科學自主推理代理」（Scientific Autonomous Reasoning Agent，SARA）的專案，該團隊希望這項專案能夠「以指數增加的方式大幅加快發現和開發新材料的速度」。[96] 德州農工大學的研究人員也在開發一個軟體平台，旨在自主搜索未知的物質。[97] 這兩項專案都有部分資金是由美國國防部資助，美國國防部是對任何出現的創新都特別熱切的客戶。就像亞馬遜和 Google 提供的、以雲端為基礎的深度學習工具正在使機器學習在許多商業應用的部署大眾化一樣，這些工具也準備在許多專業科學研究領域發揮同樣的作用。這將使在化學或材料科學等領域受過培訓的科學家無須先成為機器學習專家，也能應用人工智慧的力量。換句話說，人工智慧正在演變成一種容易使用的實用工具，可以透過更具創造性、更具目標性的方式加以運用。

　　另一種更有野心的作法，是將基於人工智慧的軟體與可以實際進行實驗室實驗的機器人相結合，以發現化學物質。一家朝著這個方向努力的小公司是位於麻薩諸塞州劍橋的 Kebotix，這是一家從哈佛大學領先的材料科學實驗室所分出來的新創公司，該實驗室開發了所謂的「世界上第一個用於發現材料的無人實驗室」。該公司的機器人可以自主進行實驗，操作移液管等實驗室設備來移動和混合液體，並使用可以執行化學分析的機器。接著，透過人工智慧演算法分析實驗結果，人工智慧演算法會反過來預測最佳行動方案，然後就可以啟動更多的實驗。這帶來的結果是一個反覆的、自我改進的過程，該公司聲稱這將極大地加速發現有用的新分子。[98]

　　在化學與人工智慧交會的領域，許多令人興奮且資金充足的契機都在新藥的發現和開發上。有一種說法是，截至 2020 年 4 月止，至少有 230 家新創公司把焦點放在使用人工智慧發現新藥。[99] 達芙妮・科勒（Daphne Koller）是史丹佛大學的教授與線上學習公司 Coursera 的聯合創辦人，她也是將機器學習應用於生物學和生物化學的全球頂尖專家。科勒現在是矽谷新創公司 Instro 的創辦人兼執行長，這家公司成立於 2018 年，已經募集超過 1 億美元用於使用機器學習開發新藥品。不過，阻礙美國整體經濟發展的技術創新廣泛放緩在製藥產業尤為明顯。科勒告訴我：

問題在於開發新藥的難度越來越大：臨床試驗成功率大約在中個位數範圍；開發一種新藥的稅前研發成本（失敗也被計入）預估超過 25 億美元。投資藥物研發的報酬率逐年呈直線下降，有些分析估計報酬率在 2020 年之前將降到零。對此的一種解釋是，藥物開發現在在本質上就是更難：許多（也許是大多數）「垂手可得的果實」，亦即對大量群眾具有顯著影響、可用於治療的目標都已被開發出來。如果是這樣，那麼下一階段的藥物開發焦點將會放在更特定的藥物，其藥效可能是針對特定的背景情況，並且僅適用於一部分患者。[100]

Instro 及其競爭對手的願景是使用人工智慧快速找出有潛力的候選藥物，並大幅降低開發成本。科勒說，藥物開發是「一段漫長的旅程，你在路上會碰到很多岔路口」，而且「有 99%的路都會讓你走到死胡同」。如果人工智慧可以作為「一個有點準確度的指南針，想想看，這會對過程成功的可能性產生什麼樣的影響」。[101]

這類的方法已經帶來了實際成果。2020 年 2 月，麻省理工學院的研究人員宣布，他們因為使用深度學習而發現了一種強大的新型抗生素。研究人員所打造的人工智慧系統能在幾天內篩選出超過 1 億種潛在的化合物。科學家將這個新抗生素命名為「Halicin」，源自《2001 太空漫遊》（*2001: A Space Odyssey*）中的人工智慧系統哈兒（Hal），證實對幾乎所有類型的細菌都是致命的，也包括對現有藥物有抗藥性的菌株。[102] 這一點很關鍵，因為醫學界一直在示警抗藥性細菌，例如已經困擾許多醫院的「超級細菌」（superbugs）是迫在眉睫的危機，因為這些生物已適應現有的藥物。由於開發成本高而利潤相對較低，因此在開發中的新抗生素很少。即使是那些通過嚴格且昂貴的測試和監管審批程序的新藥，也往往是現有抗生素的變體。反之，Halicin 似乎會以一種新的方式攻擊細菌，其機制經實驗證明可能特別能抵抗變體，這些變體往往會隨著時間推移而使抗生素變得不那麼有效。也就是說，人工智慧已經透過「跳脫框架」的探索找到了解決方案，這種探索對有意義的創新來說非常關鍵。

同樣在 2020 年初公布的另一項重要里程碑來自英國新創公司 Exscientia，該公司利用機器學習發現了一種治療強迫症的新藥。該公司表示，這項專案的初期開發階段僅花了一年時間，這大約是傳統標準技術所花時間的五分之一，並聲稱這是第一個進入臨床試驗階段且由人工智慧發現的藥物。[103]

正如我們在第一章（6 頁）裡所看到的，人工智慧應用在生化研究方面特別顯著的成就是 DeepMind 於 2020 年 11 月宣布的蛋白質折疊突破。DeepMind 並沒有試著去發現某種特定藥物，而是將技術應用於在更基本的層面上來取得進展。2018年底，DeepMind 的 AlphaFold 系統的早期版本參加了兩年一度的「蛋白質結構預測技術關鍵測試」（Critical Assessment of

Structure Prediction，CASP）全球競賽。在競賽中，來自全球各地的團隊會使用各種以計算和人類直覺為基礎的技術，來嘗試預測蛋白質折疊的方式。AlphaFold 以大幅領先的優勢贏得了 2018 年的比賽，但即使獲勝，它也只能正確預測出 43 種蛋白質序列中的 25 種。換句話說，AlphaFold 的這個初期版本還不夠準確，不足以成為真正有用的研究工具。[104] 僅僅兩年後，DeepMind 改進這項技術並由一群科學家宣布蛋白質折疊問題「得到了解決」，我認為這是一個特別鮮明的指標，指出人工智慧的特定應用可能以多快的速度持續發展。

除了使用機器學習來發現新藥和其他化合物之外，人工智慧在科學研究中最有潛力的普遍應用，可能是對不斷爆炸的已發表研究的吸收與學習。光是 2018 年就有超過 300 萬篇科學論文發表在 4 萬多種不同的期刊上。[105] 要理解這樣規模的資訊遠遠超出了任何一個人的思考能力，而人工智慧可以說是唯一一種我們能夠用來達成某種整體性學習理解的工具。

以深度學習最新進展為基礎的自然語言處理系統，被應用來提取資訊、找到跨研究中不明顯的模式，並從本來可能是模糊的狀態中大方向地連結起概念。IBM 的 Watson 技術仍然是這一領域的重要競爭者。另一項專案「語意學者」（Semantic Scholar）是由位於西雅圖的艾倫人工智慧研究所（Allen Institute of Artificial Intelligence）於 2015 年發起。「語意學者」支援人工智慧的搜尋和資訊提取，幾乎涵蓋所有科學研究領域超過 1.86

億篇已發表的研究論文。[106]

2020 年 3 月，艾倫研究所與微軟、美國國家醫學圖書館、白宮科技辦公室、亞馬遜的 AWS 部門，以及其他組織一起創建了 Covid-19 開放研究資料集，這是一個可搜尋與冠狀病毒大流行相關的科學論文的資料庫。[107] 這項技術讓科學家和醫療服務提供者能夠快速取得在眾多科學領域中特定問題的答案，包括病毒的生物化學、流行病學模型與疾病的治療。截至 2021 年 4 月，該數據庫包含超過 28 萬篇科學論文，並被科學家和醫生大量使用。[108]

像這樣的創舉有龐大的潛力，可以成為加速產生新點子的關鍵工具。然而，這項技術仍處於起步階段，真正的進步可能需要至少克服通往更通用的機器智慧的道路上的某些障礙，我們將在第五章（119 頁）深入研究這個主題。不難想像，一個真正強大的系統可以扮演科學家的智慧研究助理的角色，提供進行真正對話、發揮想法並積極提出新探索途徑的能力。

儘管如此，我認為用謹慎和實際的角度來看待最終可能發生的事情很重要。這些都不意味著人工智慧將成為創新加速的萬靈丹，或是我們應該期望在加速的時間框架內持續取得成果。畢竟，科學的本質是和實驗有關的，而進行實驗與判斷實驗的結果都需要時間。在某些情況下，科學的方法確實可以加速，也許是透過使用實驗室機器人，或者甚至是在模擬環境中以高速進行一些實驗。

　　然而，在醫學和生物學等領域，實驗通常必須在活的生物體內進行，而在這裡可以看到，要明顯加快這一過程的潛力是非常有限的。對 COVID-19 疫苗的持續探索就讓這個現實成為人們關注的焦點。科學家們在獲得病毒的基因密碼後，在幾週內就設計出了潛在的疫苗，對於可用疫苗的漫長等待，幾乎完全是因為需要在動物和人類身上進行大量的測試，其次是需要提高製造能力以生產數十億劑疫苗。事實是，即使我們能夠獲得真正先進的、像是科幻作品般的人工智慧，我們也完全不清楚該技術能否在極短的時間內提供疫苗。這就是我對庫茲維爾派關於人工智慧將很快導致人類壽命明顯延長的說法持懷疑態度的原因之一。即使人工智慧確實有助於產生這個領域的強大新概念，我們如何在不等待多年甚至數十年才能得出結論性結果的情況下，測試任何由此而產生的治療方法的安全性和有效性？可以肯定的是，法規改革可以創造很多機會以簡化新藥和治療的審核。但歸根結底，即使是最聰明、最有創造力的科學家，也必須等待實驗結果以證實想法的真實性。

＊＊＊

　　本章的目的是簡單介紹人工智慧最有趣和最重要的應用，同時點出人工智慧在短期內可能具有破壞性影響的領域，以及我們可能需要更長時間等待的其他領域，這裡所提到的並不夠詳盡，人工智慧最終將影響並改變幾乎所有事物。

　　人工智慧正在迅速演變為類似電力的公用事業的論點，成功地捕捉到這項技術的潛在影響力和變化性質。然而，與電力相比，人工智慧是一種更加複雜和動態變化的技術，它將不斷改進，同時提供幾乎無限且不斷變化的功能。為了了解這種新工具真正的潛力，我們需要深入研究人工智慧的科學和歷史，看看這個領域是如何發展的，未來的挑戰又是什麼，以及隨著技術不斷進步而形成的相互競爭的想法，與這些想法對這項技術的影響。這些將是接下來兩章的主題。

第四章

# 追求「打造智慧機器」

　　圖靈獎被普遍認為是電腦計算領域的「諾貝爾獎」。圖靈獎以傳奇數學家和電腦科學家艾倫・圖靈（Alan Turing）的名字命名，每年由電腦協會（Association for Computing Machinery）頒發，圖靈獎代表了那些致力於推動這個領域發展的人的成就巔峰。與諾貝爾獎一樣，圖靈獎也有 100 萬美元的獎金，主要由 Google 所贊助。

　　2019 年 6 月，2018 年圖靈獎頒給了三位男性——傑佛瑞・辛頓、楊立昆和約書亞・班吉歐（Yoshua Bengio），以表彰他們畢生對深度神經網路發展的貢獻。這項科技也被稱為「深度學習」，在過去十年中讓人工智慧領域掀起澈底的變革，其所造成的進步，在不久前還被認為是科幻作品的內容。

　　特斯拉的駕駛經常讓他們的車在高速公路上自動駕駛；即使是很少人聽過的晦澀語言，Google 翻譯也可以立即產生可用的文字；微軟等公司已經展示了將中文口說內容即時翻譯成英文的機器翻譯；孩子們在一個經常與亞馬遜的 Alexa 交談的世界中長大。所有這些以及許多其他的進步，都是由深度神經網路所驅動的。

深度學習的基本概念已經存在了幾十年。1950 年代後期，康乃爾大學的心理學家法蘭克・羅森布拉特（Frank Rosenblatt）構想出「感知器」（perceptron），這是一種電子設備，其運作原理類似於大腦中的生物神經元。羅森布拉特展示了由感知器組成的簡單網路，經過訓練後可以執行基本的模式識別任務，例如辨認數字圖像。

羅森布拉特在神經網路方面最初的成果激起了一股風潮，但由於未能取得重大進展，這項技術最終被其他方法取代而被擱置在一旁。只有一小部分的研究人員，尤其是 2018 年圖靈獎的三位獲獎者，繼續聚焦於神經網路。在電腦科學家眼中，這項科技開始被視為落後的研究，可能會讓職涯走上死路。

2012 年時，傑佛瑞・辛頓在多倫多大學的一組研究實驗室團隊參加了 ImageNet 競賽並改變了一切。在這項一年一度的盛事中，許多來自世界一流大學和企業的團隊，會競相設計可以從龐大照片數據庫所選出的圖像中標記出正確圖片的演算法。當其他團隊使用傳統的電腦編程技術時，辛頓的團隊則是讓一個「深度」（或多層）神經網路展現能力，這套網路已經以數千個案例圖像進行了訓練。多倫多大學的團隊在比賽中取得大幅的領先，讓全世界都意識到了深度學習的力量。

從那以後的幾年內，幾乎每家大型科技公司都在深度學習上投入大量的投資。Google、Meta、亞馬遜與微軟，以及中國的科技巨頭百度、騰訊與阿里巴巴，皆已經把深度神經網路作為它們產品、營運和商業模式的絕對核心。電腦硬體產業也正在轉型，輝達和英特爾等公司開始競相研發可優化神經網路性能的電腦晶片。深度學習專家則擁有七位數的薪酬待遇，在公司爭奪有限人才的狀況下，這些專家就像是明星運動員一樣。

雖然在過去的十年內，人工智慧有著特別且史無前例的進展，但是這樣的進步主要來自越來越龐大的數據資料庫，而在運轉速度越來越快的電腦硬體上運作的神經學習演算法會吸收這些數據。後來，越來越多人工智慧專家意識到這種做法不是長久之計，這項科技需要有全新的想法注入，才能繼續向前發展。在深入探討人工智慧可能的未來之前，讓我們簡單地了解一下這一切是如何開始、這個領域迄今為止的發展歷程，以及在過去幾年帶來如此革命性進步的深度學習系統實際上的運作方法。我們將看到，人工智慧研究從初期開始，就以兩種完全不同的智慧機器製造方向之間的競爭為主軸。這兩種學派之間的緊張關係再次成為了焦點，並且很有可能會影響這個領域在未來幾年和幾十年的發展方向。

## 機器會思考嗎？

早在第一台電腦被發明之前，具有像人類一樣思考和行動能力的機器就已經存在於想像當中了。1863 年，英國作家塞繆爾‧巴特勒（Samuel Butler）寫了一封信給紐西蘭基督城當地報紙的編輯。這封題為〈機器中的達爾文〉（Darwin Among the Machine）的信想像「有生命的機器」有天可能會進化到媲美人類甚至取代人類。巴特勒呼籲立即對這種興起的機械物種發動戰爭，宣稱「應該摧毀每一種機器」[109]，考量到資訊科技在1863 年的發展狀況，這種擔憂似乎有點為時過早，但它勾勒出一個一再重複的故事脈絡，這樣的故事脈絡也出現在像是《魔鬼終結者》（The Terminator）與《駭客任務》（The Matrix）等電影中。巴特勒的恐懼也不只出現在科幻作品中。人工智慧的最新進展讓伊隆·馬斯克和已故的史蒂芬·霍金（Stephen Hawking）等知名人士提出警告，他們所擔心的情況與 150 年前巴特勒所擔心的非常相似。

　　對於人工智慧從何時開始成為認真的研究領域，人們的意見不一。我將起始點認定為 1950 年。那一年，艾倫·圖靈發表了一篇題為《電腦機器與智慧》（Computing Machinery and Intelligence）的科學論文，並提出了「機器會思考嗎？」的問題。在圖靈的論文中，他發明了一種源自流行的派對遊戲的測試，在確認機器是否可以被認定具備真正的智慧時，這仍然是最常被引用的方法。圖靈於 1912 年出生於倫敦，在計算理論和演算法本質上締造了開創性的成就，普遍被認為是電腦科學之父。圖靈最重要的成就發生在他從劍橋大學畢業兩年後的 1936 年，當時他提出了今天所謂「通用圖靈機」（universal Turing machine）的數學原理，這基本上是每台真實世界中所被打造出來的電腦的概念藍圖。圖靈在電腦時代的一開始就清楚地意識到，機器智慧是一種具有邏輯、或許對電腦計算來說必然的延伸。

　　後來，約翰・麥卡錫（John McCarthy）提出了「人工智慧」（artificial intelligence）的概念，他當時是達特茅斯學院的數學教授。1956 年夏天時，麥卡錫協助學院在學校的新罕布夏校區舉辦「達特茅斯暑期研究專案」，主題是人工智慧。這是一個為期兩個月的研討會，邀請了這個新興領域中領先的佼佼者參加。活動的目標既充滿野心又樂觀，會議的提案中宣稱，「將嘗試尋找如何讓機器使用語言、形成抽象概念與思維，解決現在由人類處理的各種問題，並讓機器改善自己的能力」，並且承諾，主辦者相信「如果精心挑選的科學家小組共同努力一個夏天，將能對這些問題中的一個或多個問題取得重大進展」。[110] 與會者包括馬文・明斯基（Marvin Minsky），他與麥卡錫一起成為世界上最著名的人工智慧研究員，並在麻省理工學院創立了「電腦科學與人工智慧實驗室」（Computer Science and Artificial Intelligence Lab），以及克勞德・夏農（Claude Shannon），他是傳奇的電氣工程師，他提出了資訊理論（information theory）的原理，這些原理是電子通信的基礎，讓網路得以實現。

　　然而，最聰明的人卻缺席了這場達特茅斯的會議。艾倫圖靈在這場研討會的兩年前自殺了。他因同性關係，根據當時在英國生效的「行為不檢」法條而被起訴。圖靈只能在入監或是強制注射雌激素的化學閹割之間做選擇。在選擇第二個選項後，他感到憂鬱，並在 1954 年結束了自己的生命。圖靈逝世時年僅 41 歲。在一個更公正的世界裡，他幾乎肯定可以活到看見個人電腦的出現，也很可能會看到網路的興起，甚至可能會看到這之後的許多創新。沒有人能夠說出圖靈在這幾十年裡可能會做出什麼樣的貢獻，或者現在的人工智慧領域原本可能發展到什麼程度，但他的死對這個領域甚至全人類而言，都是驚人的知識損失。

在達特茅斯會議之後的幾年裡，人工智慧領域快速地發展。電腦變得越來越強大，並出現了重要的突破，而新開發的演算法已經可以解決越來越多問題。人工智慧被視為一個研究領域而被導入美國各地的大學，一些人工智慧研究實驗室也陸續成立了。

推動這個領域發展最重要的一股力量來自美國政府，尤其是五角大廈的大量投資。其中的大部分資金是透過高等研究計畫署（Advanced Research Projects Agency，ARPA）提供。高等研究計畫署的資助之中，其中一個特別重要的研究中心是史丹佛研究所，該研究所後來從史丹佛大學分離出來成為「國際史丹佛研究所」（SRI International）。

國際史丹佛研究所成立於 1966 年的「人工智慧中心」（Artificial Intelligence Center），在語言翻譯和語音識別等領域有著開創性的成果。這個實驗室還創造了第一個真正自主的機器人，這個機器能夠將人工智慧推理轉化為與環境的實體互動。成立近半個世紀後，國際史丹佛研究所的人工智慧中心分拆出一家新創公司，該公司擁有名為「Siri」的新型個人助理，並在2010 年被蘋果收購。

　　然而，這個領域的進展很快就導致過度發展、過度承諾和不切實際的期望。1970 年，《生活》（*LIFE*）雜誌發表了一篇關於國際史丹佛研究所開發的機器人的文章，稱其為世界上第一個「電子人」（electronic person）。馬文·明斯基當時是麻省理工學院的人工智慧明星研究員，他以「冷靜且確信」的態度告訴這篇文章的作者布萊德·達拉克（Brad Darrach）：

　　在三到八年內，我們將擁有一台具有和普通人一樣智慧的機器。我的意思，是一台能夠閱讀莎士比亞、幫車上潤滑油、玩辦公室政治、講笑話與打架的機器。屆時，機器將開始以驚人的速度進行自我教育。過幾個月後，它就會達到天才般的程度，然後再過幾個月，它的力量將無法估量。[111]

　　達拉克與其他人工智慧領域的研究員核對這些觀點的內容，得到的回應是，明斯基的三到八年可能有一點樂觀。他們說，這可能需要十五年，但「所有人都同意將會有這樣的一台機器，它將促使第三次工業革命發生、消滅戰爭和貧困，並推動科學、教育和藝術達到有如幾百年發展的成果」。[112]

很明顯地，這種預測完全不準確。事實證明，就連要打造出能執行遠不及那麼有野心之任務的人工智慧系統，都比預期困難許多，這股熱潮因此開始退燒。到 1974 年，投資者的幻想開始破滅，尤其是發揮巨大資金作用的政府機構，這讓該領域與許多人工智慧研究員的職涯前景蒙上了一層陰影。縱觀其歷史，這個領域一直承受著一種集體躁鬱，有繁榮且快速發展的時期，但中間穿插著可能會延續長達數十年的幻滅和減少投資，這樣的時期被稱為「人工智慧寒冬」（AI winters）。

該領域週期性地陷入人工智慧寒冬，有部分原因可能是源於對人工智慧預計要解決之問題的真正難度缺乏理解。另一個關鍵因素則是未能體認到在 1990 年代之前電腦的速度有多慢。在摩爾定律冷硬的規則之下，將會需要數十年的進步才能提供讓 1956 年達特茅斯研討會參與者的夢想變成伸手可及的硬體。

1990 年代後期，速度更快的電腦硬體出現，並帶來了戲劇性的進步。1997 年 5 月，IBM 的深藍（Deep Blue）電腦在六局比賽中險勝西洋棋世界冠軍蓋瑞・卡斯帕洛夫（Garry Kasparov）。雖然這通常被認為是人工智慧的勝利，但實際上這主要是運用強大的電腦計算能力而實現的。在深藍電腦冰箱大小的客製化設計硬體上運作的專門演算法，能夠看見更長遠的發展並迅速地從大量可能的動作中做篩選，這種方式即使是最有能力的人類思維也不可能辦到。

IBM 在 2011 年因 Watson 的問世而再次獲勝，這款機器在電視遊戲節目《危險邊緣》中輕鬆擊敗了世界頂尖的參賽者。在許多方面，這都是更令人印象深刻的成績，因為這需要對自然語言的理解，甚至包括處理笑話和雙關語的能力。與深藍不同，棋盤遊戲有著嚴格定義的規則，Watson 則是一套可以跳脫這些範圍並處理看似沒有邊界的資訊體的系統。Watson 運用一大群智慧演算法同時處理大量數據，這些數據通常來自維基百科的文章，來決定它在玩遊戲時該有什麼樣的正確反應，最終在《危險邊緣》中獲勝。

　　Watson 預示著一個新時代的到來，並預示著機器最終將開始解析語言並真正與人類互動。這一年也代表著人工智慧的基礎技術發生巨大轉變的開始。Watson 仰賴機器學習演算法，使用統計技術來理解資訊，但在接下來的幾年裡，另一種直接以半個多世紀前法蘭克・羅森布拉特所提出的感知器為基礎的機器學習，將再次成為最前線的焦點，然後迅速崛起、主宰人工智慧領域。

## 連結主義人工智慧vs.符號主義人工智慧，以及深度學習的興起

　　雖然整體人工智慧的領域在過去幾十年中經歷了繁榮與沒落的起伏，但是這個領域的研究重點一直在兩種普遍的理論間搖擺不定，在打造更智慧的機器上，這兩種論點強調的是截然

不同的方向。其中一種思想流派源於羅森布拉特在 1950 年代對神經網路的研究。它的擁護者認為，一套智慧的系統應該以大腦的基本架構為模型，並且應該利用大致像是生物神經元的深度連結元件。這種後來被稱為「連結主義」（connectionism）的方法強調學習是智慧的核心能力，並認為如果可以讓機器有效地從數據中學習，那麼人腦所具備的其他能力最終也可能會在機器上出現。畢竟，有強而有力的證據證明這個模型的有效性：眾所皆知，人類的腦部本身完全是由一個難以理解的複雜生物神經元系統所組成。

在競爭的另一個陣營，研究人員採用「符號的」（symbolic）方式並強調邏輯和推理的應用。對於符號主義者來說，學習並不是那麼重要，智慧的關鍵是透過推理、決策和行動來發揮知識的力量。符號主義者不設計可以自己學習的演算法，而是將資訊直接手動編碼到他們建構的系統中，這種作法催生了被稱為「知識工程」（knowledge engineering）的領域。

符號主義人工智慧是驅動絕大多數早期人工智慧實際應用的引擎。例如，與醫生合作的知識工程師所建立的系統，其演算法會應用決策樹（decision trees）來診斷疾病。這樣的醫學專家系統產出的結論參差不齊，還經常被證明缺乏彈性且不可靠。在許多其他的應用領域，例如噴射機上使用的自動駕駛系統，這些技術隨著透過研究而開發出來的專家系統逐漸成為軟體設計的常規元件，已不再被貼上「人工智慧」的標籤。

　　連結主義源自目標是理解人類大腦功能的研究。在 1940 年代，沃倫·麥卡洛克（Warren McCulloch）與沃爾特·皮茨（Walter Pitts）提出了人工神經網路的想法，它和大腦中的生物神經元運作方式相似。[113] 接受過心理學家的訓練並在康乃爾大學的心理學系授課的法蘭克·羅森布拉特，後來將這些概念融入了他的感知器中。

　　感知器能夠執行基本的模式識別任務，例如透過連接到設備的攝影鏡頭來識別印刷的文字。1962 年，雷蒙·庫茲維爾在康乃爾大學的實驗室遇到了羅森布拉特。庫茲維爾告訴我，他帶了樣本在感知器上進行試驗，而只要文字符號以正確的字體清晰地印出來，機器就可以完美地運作。羅森布拉特告訴當時即將被麻省理工學院錄取的庫茲維爾，他相信如果將感知器串聯到多個層級，將一層的輸出饋入下一層作為輸入，就可以獲得更好的結果。[114] 然而，羅森布拉特於 1971 年在一次划船事故中喪生，他從未實現打造多層架構這件事。

　　到 1960 年代後期，最初對人工神經網路的熱情開始消退。這股熱情退燒最重要的其中一個因素，是 1969 年出版的《感知器》（*Perceptrons*），該書由馬文·明斯基與他人合著。雖然明斯基對整體人工智慧的前景非常有信心，但諷刺的是，他對有一天將會帶來前所未見之進步的特定方法卻非常悲觀。在這本書中，明斯基和合著的西摩爾·派普特（Seymour Papert）提出了形式化的數學證明，強調了神經網路的局限性，並暗示該技術將無法解決複雜的實際問題。

隨著電腦科學家和研究生開始避開神經網路的研究，現在通常被稱為「傳統人工智慧」（classical AI）的符號主義人工智慧成為了主流。神經網路會在 1980 年代和 1990 年代短暫復甦，但是符號學派仍然在接下來的數十年占據了主導地位，即使整個人工智慧領域的熱潮在兩個極端間循環時也是如此。對於連結主義論者來說，人工智慧寒冬非常嚴峻且長久，就連符號主義人工智慧的實踐者享受著溫暖春天時，他們的寒冬也持續存在。

在整個 1970 年代和 1980 年代初期，情況尤其嚴寒與艱難。現在被認為是深度學習領域主要架構師之一的楊立昆告訴我，在這段期間，對神經網路的研究「比被邊緣化還要糟糕」，「你甚至不能發表一篇提到『神經網路』這個詞的論文，因為它會立即被拒絕」。[115] 儘管如此，少數研究員仍然相信連結主義是有前景的。在這些人當中，有許多人的背景不是電腦科學，而是心理學或人類認知，他們對此的興趣源於為創造出大腦工作原理的數學模型的願望。在 1980 年代初期，加州大學聖地牙哥分校的心理學教授大衛・魯梅爾哈特（David Rumelhart）提出了一種稱為「反向傳播」（backpropagation）的技術，這仍然是當今多層神經網路中所使用的主要學習演算法。

魯梅爾哈特與東北大學的電腦科學家羅納德・威廉姆斯（Ronald Williams）以及當時在卡內基美隆大學的傑佛瑞・辛頓

一起在當今被認為是人工智慧領域最重要的一篇科學論文中，敘述該演算法可以如何被應用，這篇論文發表於 1986 年的《自然》（*Nature*）期刊。[116]「反向傳播」代表了根本性概念的突破，而有一天這將帶領深度學習在人工智慧領域占據主導地位，但是要讓電腦變得夠快以真正利用這套方法，還需要幾十年的時間。傑佛瑞·辛頓曾於 1981 年在加州大學聖地亞哥分校與魯梅爾哈特一起工作，那時他還只是年輕的博士後研究員 [117]，後來卻成為也許可以說是深度學習革命中最傑出的人物。

到了 1980 年代末期，神經網路的實際應用開始出現。時任 AT&T 貝爾實驗室研究員的楊立昆在卷積神經網路的新架構中使用了反向傳播演算法。在卷積網路中，人工神經元的連結方式受哺乳動物大腦中視覺皮層的啟發，這些網路被設計為在圖像識別方面特別有效。楊立昆的這套系統可以識別手寫數字，到 1990 年代後期，卷積神經網路讓自動存提款機都可以辨識銀行支票上所寫的數字。

2000 年代則見證了「大數據」（big data）的興起。組織和政府單位開始收集資訊，並試圖以不久前還難以想像的規模來分析這些資訊，而且很明顯地，全球所生成的數據總量將繼續呈指數級增長。這些大量湧出的數據很快就會與最新的機器學習演算法交會，從而推動人工智慧革命。

在普林斯頓大學一位年輕的電腦科學教授的努力下，催生了一個最重要的新數據庫。這位教授就是李飛飛，她的工作聚焦在電腦視覺上，她意識到想要教育機器對現實世界進行視覺感知，將會需要全面性的教學資源，其中包含正確標記的範例，包括人、動物、建築物、車輛、物體的許多變化形態，以及任何人可能遇到的幾乎所有事。在超過兩年半的時間裡，她開始為 5,000 多個類別中超過 300 萬張圖片下標題。這項工作必須手動完成，因為只有人類才能將照片連結到適合的敘述性標籤。由於即使僱用大學生來做如此龐大的任務成本也很高，李飛飛的團隊求助於亞馬遜的「土耳其機器人」（Mechanical Turk），這是一個群眾外包平台，可以將資訊導向的任務群眾外包給遠端工作者，這些人通常身處低工資的國家。[118]

　　李飛飛的計畫被稱為「ImageNet」，於 2009 年發表，很快就成為機器視覺研究不可或缺的資源。李飛飛從 2010 年開始舉辦一年一度的競賽，由來自大學和企業研究實驗室的團隊，用他們的演算法來嘗試標記從龐大數據集中提取的圖像。兩年後，在 2012 年 9 月舉辦的 ImageNet 競賽可以說是深度學習技術的拐點。[119] 傑佛瑞·辛頓與和他同樣來自多倫多大學研究實驗室的伊爾亞·蘇茨克維（Ilya Sutskever）和亞歷克斯·克里澤夫斯基（Alex Krizhevsky）使用了一個多層卷積神經網路，該網路明顯超越了競爭的演算法，並展示了清楚的證據，顯示出深度神經網路最終發展成為了一種真正實用的技術。辛頓團隊的勝利在人工智慧研究界引起了廣泛共鳴，並讓大家把焦點放在龐大數據集與強大神經演算法的高效結合，這種共生關係很快就會帶來進步,而這些進步在幾年前還只是扎根在科幻作品領域的故事。

　　我在這裡勾勒的故事大致代表了深度學習的「標準歷史」。在這個故事中,2018 年圖靈獎獲得者傑佛瑞・辛頓、楊立昆和約書亞・班吉歐尤為突出,以至於他們經常被稱為「深度學習的教父」。*然而,這段歷史還有其他版本。與大多數的科學領域一樣,尋求獲得認可的競爭非常激烈,而且隨著人們越來越意識到人工智慧的進步已經跨過了門檻,將不可避免地導致社會和經濟發生真正歷史性的變革,這可能也會讓競爭變得極端白熱化。

　　對另一種版本的歷史最直言不諱的支持者是于爾根・施密德胡伯(Jürgen Schmidhuber),他是瑞士達勒・莫爾人工智慧研究所(IDSIA)的共同負責人。在 1990 年代,施密德胡伯和他的學生開發了一種可以執行「長短期記憶」(long short-term memory,LSTM)的特殊類型神經網路。LSTM 網路能夠「記住」過去的數據並將其整合到當前的分析中。這在語音識別和語言翻譯等領域被證明是非常關鍵的,在這些領域,由先前出現的單詞所賦予的上下文脈絡,對準確性有巨大的影響。Google、亞馬遜和 Meta 等公司都嚴重依賴 LSTM,施密德胡伯認為,人工智慧最近的大部分進展都是奠基於他的團隊的成果,而不是

---

\* 他們有時也被稱為「人工智慧的教父」,這生動地表示出深度學習在很大程度上完全主導了這個領域,早期對符號主義的關注都被拋開了。

更著名的北美研究員的。

　　我在我的書《智慧締造者》中簡要敘述了深度學習的標準歷史，而在這本書出版後不久，施密德胡伯寫給我一封電子郵件，他告訴我，「你寫的很多東西都非常具有誤導性，因此我覺得非常失望！」[120] 根據施密德胡伯，深度學習的根源不是美國或加拿大，而是歐洲。他說，第一個多層神經網路學習演算法是由烏克蘭研究員阿列克謝·格里戈里耶維奇·伊瓦赫年科（Alexey Grigorevich Ivakhnenko）在 1965 年所提出，而「反向傳播」演算法由芬蘭學生塞波·林奈馬（Seppo Linnainmaa）於 1970 年發表，比魯梅爾哈特的著名論文早了十五年。施密德胡伯顯然對自己的研究得不到認可而感到沮喪，他以在人工智慧研討會上粗魯地打斷演講和指責改寫深度學習歷史的「陰謀」而聞名，尤其是和傑佛瑞·辛頓、楊立昆以及約書亞·班吉歐有關的歷史。[121] 對此，這些更知名的研究人員積極反擊。楊立昆告訴《紐約時報》記者，「施密德胡伯瘋狂地痴迷於認可，並不斷宣稱那些他不配得的榮譽是屬於他的。」[122]

　　雖然關於深度學習真正起源的分歧可能會持續存在，但毫無疑問，在 2012 年 ImageNet 競賽之後，這項技術風暴般迅速橫掃了人工智慧領域以及大部分科技產業最大的公司。Google、亞馬遜、Meta 和蘋果等美國科技巨頭，以及中國公司百度、騰訊和阿里巴巴，都立即意識到深度神經網路的顛覆性潛力，並開始組成研究團隊以及將這項技術融入他們的產品和營運中。Google 聘請了傑佛瑞・辛頓，楊立昆成為 Meta 新的人工智慧研究實驗室負責人，整個產業開始發動全面性的人才戰爭，將具有深度學習專業知識的新畢業生的薪水和股票選擇權推到了最上層。2017 年時，Google 執行長桑德爾・皮蔡（Sundar Pichai）宣布 Google 現在是一家「以人工智慧為優先的公司」，並表示人工智慧將是該公司與其他科技巨頭競爭最重要的一個領域。[123] 在 Google 和 Meta，這項技術被認為具有非常大的重要性，以至於深度學習研究人員被分配到離執行長很近的辦公室 [124]，到 2020 年底，神經網路已經完全主導了這個領域，以至於媒體經常將「深度學習」和「人工智慧」這兩個術語視為同義詞。

第五章

# 深度學習與人工智慧的未來

　　隨著世界上最大的技術公司張開雙手擁抱深度學習，再加上應用神經網路的力量、越來越難以抗拒的消費與商業應用軟體的到來，我們幾乎不會懷疑這項技術將會繼續存在。然而，有越來越多人認為進步的速度是無法持續的，未來的進步將需要重大的創新。我們將會看到，接下來最重要的問題將是人工智慧的鐘擺是否會再次回到強調符號人工智慧的方向，如果是，這些概念又該如何成功和神經網路結合。在深入研究人工智慧的未來之前，讓我們簡短地探討更多細節，了解深度學習系統的實際運作原理，以及如何訓練這些網路來執行有用的任務。

## 深度神經網路的工作原理

　　媒體經常將深度學習系統描述為「類似大腦的」，這很容易造成誤解，誤解人工智慧中使用的神經網路與其對應的生物模型有多相近。人腦可以說是已知宇宙中最複雜的系統，大約有 1,000 億個神經元和數百兆條連結。但是這種驚人的複雜程度不僅僅源於大規模的連結，相反地，它還擴及到神經元本身的運作與它們傳輸信號的方式，以及隨著時間推移而適應新資訊的方式。

生物神經元由三個主要部分組成：細胞體，也就是細胞核所在的地方；許多被稱為「樹突」的細絲，它們攜帶傳入的電信號；以及一根更長、更細、被稱為「軸突」的細絲，神經元透過它向其他神經元傳遞輸出信號。樹突和軸突通常都有廣泛的分支，樹突有時會接受來自其他數萬個神經元的電刺激。當通過樹突到達的集體信號刺激神經元時，神經元會通過軸突傳遞出電荷，稱為「動作電位」。不過，大腦的連結並不是固定的電路。它是透過讓一個神經元的軸突通過稱為「突觸」的連結，將化學信號傳遞到另一個神經元的樹突。這些電化學功能對大腦的運作及其學習和適應扮演關鍵的角色，但在許多情況下，人們對此並沒有很好的理解。例如，與愉悅或獎賞有關的化學多巴胺，就是一種在突觸間隙內運作的神經遞質。

人工神經網路幾乎忽略了所有的這些細節，試圖為神經元操作和連結的方式創造一個粗略的數學草圖。如果大腦是蒙娜麗莎，那麼深度學習系統中使用的結構充其量可能類似於《花生漫畫》（Peanuts）中古靈精怪的露西。人工神經元的基本計畫是在 1940 年代所構思的，而數十年來這些系統的運作很大程度上都與腦科學脫鉤，為深度學習系統提供動力的演算法是獨立開發的，通常透過實驗進行，而且沒有任何模擬人腦中實際可能發生之情況的具體嘗試。

　　為了讓人工神經元的樣子視覺化，請想像一個容器，它有三條或更多條讓水流進來的進水管，每一條進水管負責輸送一股水流，這些進水管大致對應到生物神經元中的樹突。這個容器還有一個負責讓水流出去的「軸突」輸水管。如果進水管所輸送的水位達到某個閾值，神經元就會「發射」，再透過軸突輸水管排出水流。

　　將這個簡單新奇的裝置變成有用的電腦設備的主要關鍵，是安裝在每個進水管上的閥門，以便控制通過水管的水流。只要調整這些閥門，就可以直接調節其他連結的神經元對這個特定神經元的影響。訓練神經網路執行一些有用任務的過程，本質上是調整這些閥門（稱為「權重」），直到該網路能夠正確識別出模式。

　　在一組深度神經網路之中，或多或少像這些容器一樣運作的人工神經元軟體模擬將被排列在一系列的層中，以便一層神經元的輸出連接到下一層神經元的輸入。在相鄰層中的神經元之間的連結，通常是隨機設置或在特定的神經架構中設置，例如設計用來識別圖像的卷積網路，其神經元可能會根據計畫而刻意設置連結。複雜的神經網路可以包含一百多層和數百萬個單獨的人工神經元。

　　一旦配置了這樣的網路，就可以對其進行訓練以執行特定任務，例如圖像識別或語言翻譯。例如，為了訓練神經網路識別手寫數字，手寫數字照片中的單個像素將成為第一層神經元

的輸入。而答案，或者說，對應到手寫數字的數字，將在最後
一層人工神經元輸出。訓練網路生成正確答案，是一個輸入訓
練範例，然後調整網路中的所有權重，使其逐漸收斂到正確答
案的過程。一旦透過這種方式優化了權重後，就可以將網路應
用在未包含在訓練組裡面的新範例上。

調整權重使網路最終幾乎每次都能夠成功地收斂出正確的
答案，這就是著名的反向傳播演算法發揮功用的地方。一個複
雜的深度學習系統可能在神經元之間有十億個或更多的連結，
而每個連結都有一個需要優化的權重。反向傳播基本上允許對
網路中的所有權重進行集體調整，而不是一次調整一個，從而
極大化提高了電腦的效率。[125] 在訓練過程中，網路的輸出會與
正確答案進行比較，並允許依此調整每個權重的訊息，再透過
神經元層傳播回去。如果沒有反向傳播，深度學習革命就不可
能發生。

雖然所有這些敘述勾勒出配置和訓練神經網路而產生有用
成果的基本機制，但它仍然沒有回答一個基本的問題：當其中
一個系統翻攪數據並提供答案時，究竟發生了什麼事，讓它經
常擁有超越常人的準確性？

精簡的解釋是，在神經網路中，知識表徵會被建立，並且
該知識的提取程度在網路的後續層中會增加。用配置為識別視
覺圖像的網路來說是最容易理解的。網路對圖像的理解，從像
素層級開始。在隨後的神經層中，會感知圖像的邊緣、曲線和

紋理等視覺特徵。在系統的更深處，會出現更複雜的知識表徵。最終，系統對這張圖像的理解是如此明確，即使在有著大量選項的情況下，它仍捕獲了圖像的所有本質並讓網路成功辨認。

　　然而，對這個問題的一個更完整的答案，是承認我們並不真正知道正發生了什麼，或者，至少我們無法輕易地描述它。沒有程式設計師刻意定義各種提取的層級或知識在網路中的呈現方式。所有這些都是隨著時間自然出現的，而且知識表徵分布在整個系統中數百萬個相互連接的人工神經元中。我們知道網路在某種意義上可以解析圖像，但很難，甚至不可能準確描述其神經元內的接合，隨著我們深入網路層，或者如果我們檢查以不太容易視覺化的數據類型進行操作的系統，就會變得越來越難。這種相對不透明性，即深度神經網路實際上是「黑盒子」的擔憂，是我們將在本書第八章（244頁）繼續討論的重要議題。

　　絕大多數深度學習系統都經過訓練，可以透過向網路提供經過仔細標記或分類的龐大數據集，來完成有效的工作任務。例如，一組為了正確識別照片中動物的深度神經網路，可能被訓練的方式是提供該網路幾千甚至幾百萬張圖像，每個圖像都正確標記了所描繪動物的名稱。即使使用非常高效能的硬體，這種稱為「監督學習」（supervised learning）的訓練方法可能也得花上好幾個小時。

　　監督學習是大約95％實際的機器學習應用所使用的訓練方

法。這項技術為人工智慧放射學系統（使用大量標記為「癌症」或「無癌症」的醫學圖像進行訓練）、語言翻譯（使用數百萬個預先翻譯成不同語言的文檔進行訓練），以及幾乎無數其他主要與對不同形式的資訊進行比較和分類相關的應用程式提供動力。監督學習通常需要大量經過標記的數據，但成果可能非常令人印象深刻，這通常會讓系統具有超人般的模式識別能力。在 2012 年 ImageNet 競賽帶來深度學習大爆發的五年後，圖像識別算法已經變得非常熟練，這個年度競賽的內容已經重新定位成與識別現實世界的 3D 物體有關的挑戰。[126]

　　在標記所有這些數據時，需要只有人類才具備的提供解釋的能力，例如在照片上附加描述性的注解，但這個過程既昂貴又麻煩，像李飛飛在 ImageNet 數據集所採用的方法，即轉向群眾外包，是一種常見的解決方案。在像土耳其機器人這樣的平台上，只要支付一小筆費用就能請到分布於全球各地的團隊來完成這項工作。這個契機催生出了許多新創公司，它們特別聚焦於尋找有效的方法來注解數據，為監督學習做準備。Scale AI 流星般地崛起證明了準確標記龐大數據集，尤其是和理解視覺資訊相關的應用程式，所具備的關鍵重要性，這家公司由 19 歲的麻省理工學院輟學生亞歷山大・王（Alexandr Wang）於 2016 年創立。Scale AI 與超過 3 萬名群眾外包工作者簽約，這些工作者為優步、Lyft、Airbnb 和 Waymo 等客戶標記數據。該公司已獲得超過 1 億美元的風險投資，現在被列為矽谷的「獨角獸」，即估值超過 10 億美元的新創公司。[127]

不過，在許多其他情況，數量多到難以理解、精美標記的數據似乎是自動生成的，而且對擁有這些數據的公司來說幾乎是免費的。Meta、Google 或 Twitter 等平台生成的龐大數據在很大程度上是有價值的，因為這些數據經過這些平台使用者的細心注解。

每次你點擊「喜歡」（like）或「轉發」（retweet）一則貼文，每次你查看或向下滾動網頁，每一個你觀看的影音（還有觀看影音所花費的時間）以及每次你進行無數其他的網路操作時，實際上，你都在將標籤加到某些特定的數據項目上。你，以及使用其中一個主要平台的數百萬人，基本上是踏入了所有為 Scale AI 等公司工作的群眾外包工作者提供服務的領域。當然，最重要的人工智慧研究計畫往往與大型網路公司有關，這並非巧合。人工智慧與龐大數據所有者之間的合作經常會被談論到，但這種共生關係背後的一個關鍵因素是擁有大規模的機器，以很少或幾乎沒有成本的方式在注解所有數據，因此這些數據可以成為在強大神經網路上被監督學習方式所利用的素材。

雖然監督學習占據主流的地位，但某些應用則是使用了另一種重要的技術：強化學習（reinforcement learning）。強化學習是透過反覆練習或試驗來培養能力。當演算法最終成功實現指定的目標時會收到數位獎勵。這基本上就是訓練狗的方式，動物的行為最初可能是隨機的，但是當牠設法按照正確的命令

坐下時就會被獎勵，重複這個過程夠多次後，狗就能學會確實
地坐下。

　　強化學習領域的領導者是總部位於倫敦的 DeepMind 公司，
該公司現在由 Google 的母公司 Alphabet 所有。DeepMind 對以
這樣技術為主的研究進行了大量的投資，將其與強大的卷積
神經網路相結合，以開發公司所謂的「深度強化學習」（deep
reinforcement learning）。DeepMind 在 2010 年成立後不久，就
開始投入於應用強化學習來打造可以玩電玩遊戲的人工智慧系
統。2013 年 1 月，該公司宣布已打造名為「DQN」的系統，這
套系統能夠玩經典的雅達利（Atari）遊戲，包括《太空侵略者》
（ *Space Invaders* ）、《乓》（ *Pong* ）和《打磚塊》（ *Breakout* ）。
DeepMind 的系統能夠只用原始像素和遊戲分數作為學習輸入來
自學玩遊戲。在經過數以千計的模擬遊戲磨練其技術後，DQN
在六場比賽中取得了電腦有史以來的最高分數，並在三場比賽
中擊敗了最厲害的人類玩家。[128] 到 2015 年時，該系統已經征
服了 49 款雅達利遊戲，DeepMind 宣布開發了第一個在「高
維感官輸入和動作之間的鴻溝」搭起橋梁的人工智慧系統，且
DQN「具備在不同領域執行挑戰性任務的學習能力」。[129] 這些
成就引起了矽谷巨頭的注意，尤其是 Google 創辦人賴利·佩吉
（Larry Page），2014 年時 Google 贏過 Meta 極具競爭力的出價，
以 4 億美元收購了 DeepMind。

　　深度強化學習最顯著的成就出現在 2016 年 3 月，當時

DeepMind 所開發來玩傳統圍棋的系統 AlphaGo 在韓國首爾五場比賽的對決中擊敗了當時世界上最頂尖的一位棋手李世乭。精通圍棋在亞洲受到了極高的重視，在亞洲，圍棋已經有數千年的歷史。孔子的著作中也提到了這個遊戲，它的起源可能幾乎可以追溯到中華文明的起始。根據某種理論，圍棋是大約在公元前 2000 年之前，在堯帝時期發明的。[130] 下圍棋的能力，以及書法、繪畫和彈奏樂器的專長，被視為代表中國古代學術的四大主要藝術。

與西洋棋不同，圍棋非常複雜，因此不會受到演算法的強大力量影響。遊戲的過程是在一個 19×19 方格組成的棋盤上擺放黑色和白色的棋子，稱為石子（stones）。DeepMind 的執行長德米斯・哈薩比斯（Demis Hassabis）在討論 AlphaGo 的成就時經常喜歡指出，棋盤上排列之石子的可能數量超過了已知宇宙中估計的原子數量。儘管這個遊戲流傳了幾千年，要讓任意兩場棋局以完全相同的方式發展的可能性非常小，實際上幾乎是不可能的。換句話說，任何試圖預測未來並計算接下來可能採取的所有行動的嘗試，雖然在有更多限制規則的遊戲中可以做到，但是在圍棋領域，以電腦上來說是遙不可及的，即使是最強大的硬體也是如此。

除了這種龐大的複雜性之外，下圍棋似乎很明顯地仰賴了某種可能會被稱為人類直覺的東西。當最厲害的棋手被要求準確解釋他們選擇特定策略的原因時，他們通常會答不出來，他們可能會描述某種「感覺」，讓他們在棋盤上的特定位置放下一顆石子。這正是一種看起來似乎應該超出電腦能力範圍的工作，我們理所當然地會期望這項工作免於自動化的威脅，至少在可預見的未來應該是這樣的。不過，圍棋遊戲在大多數電腦科學家相信這樣的壯舉可能實現的至少十年前，就落入了機器的手中。

DeepMind 團隊首先使用一種監督學習技術，從人類最屬害棋手的詳細比賽記錄中取出 3,000 萬次下一步棋的記錄來訓練 AlphaGo 的神經網路。然後轉向強化學習，基本上是放手讓系統和自己對賽。在幾千次的模擬練習遊戲過程中，在以獎勵為改進動力的無情壓力下，AlphaGo 的深度神經網路逐漸發展出超乎常人的熟練程度。[131] AlphaGo 在 2016 年贏過李世乭後，於 2017 年贏過世界排名第一的棋手柯潔，人工智慧研究界因此再次掀起軒然大波。這些成就也可能導致了風險投資家兼作家李開復所說的中國的史普尼克時刻，經此衝擊後，中國政府迅速採取行動，宣布中國將成為人工智慧的領導者。[132]

雖然監督學習依賴大量標記過的數據，但強化學習需要大量的練習，其中大部分都以驚人的失敗告終。強化學習特別適用於遊戲。在遊戲中，演算法可以快速進行無數次比賽，次數比任何人此生所能玩的還要多。這套方法還可以應用於以高速運作的現實世界活動。目前，強化學習最重要的實際應用是訓練自動駕駛汽車。Waymo 或特斯拉使用的自動駕駛系統，在真正上路碰到汽車或開上真正的道路之前，它們是在強大的電腦上高速訓練的，模擬的汽車從遭受數千次災難性的碰撞中逐漸學習。當演算法經過訓練且不再發生碰撞後，軟體就可以轉移到現實世界的汽車上。雖然這種方法通常是有效的，但不用說，任何一個 16 歲的人在學會開車前都不需要撞車 1,000 次。這種在機器上的學習方式，以及人腦在極少數據下的運作，兩者之間鮮明的對比突顯了當前人工智慧系統的局限，以及這項技術未來改善的巨大潛力。

## 警訊

2010 年開始可以說是人工智慧歷史上最激動人心和影響最深遠的十年。雖然人工智慧使用的演算法在概念上確實有所改善，但所有這些進步的主要驅動力只是在更快的電腦硬體上應用更廣泛的深度神經網路，讓它們得以吸收越來越多的訓練數據。自 2012 年 ImageNet 競賽引發深度學習革命以來，這種「擴展規模」的策略就已經很明確了。同年 11 月，《紐約時報》頭版的一篇報導則有助於讓更廣泛的大眾意識到深度學習技術的存在。這篇由記者約翰・馬可夫（John Markoff）所撰寫的文章以傑佛瑞・辛頓的話作為結尾：「這個策略方向的重點在於規模的擴展很順利。基本上，你只需要不斷讓它變得更大與更快，它就會變得更好。現在沒有回頭路了。」[133]

然而，越來越多的證據顯示，這套主要驅動進步的引擎正在開始失效。根據研究機構 OpenAI 的一項分析顯示，前瞻性的人工智慧計畫所需的電腦資源正在「呈指數級增長」，大約每 3.4 個月會成長一倍。[134] 在 2019 年 12 月的《連線》（Wired）雜誌所做的採訪中，Meta 人工智慧副總裁傑羅姆・佩森蒂（Jerome Pesenti）表示，即使對於像是 Meta 一樣財力雄厚的公司，這套做法在財務上也是無法持續下去的：

當你擴大深度學習的規模時，它往往會表現得更好，並且能夠以更好的方式解決更大範圍的任務。因此，擴大規模是有優勢的。如果你看看那些最頂尖的實驗，每一年，這些實驗的成本都會增加十倍。現在，一個實驗的成本可能是七位數，但不可能到九位數或十位數，這是不可能的，沒有人負擔得起。[135]

佩森蒂接著就繼續以擴大規模作為帶來進步之主要動力的可能性發出嚴厲警告：「到某個時間點時我們將會撞牆。其實在很多方面，我們已經撞牆了。」除了擴展到更大的神經網路的財務限制之外，還存在著對重要環境因素的擔憂。麻薩諸塞大學阿默斯特分校的研究人員在 2019 年進行的一項分析發現，訓練一套非常龐大的深度學習系統時，可能會排放出與五輛汽車的完整使用壽命一樣多的二氧化碳排放量。[136]

即使可以克服財務和對環境造成衝擊的挑戰，也許是透過開發更高效能的硬體或軟體，但將擴大規模作為一種策略可能根本上就不足以維持永續性的進步。對運算能力不斷增加的投資已經產生了在狹窄領域具有非凡能力的系統，但越來越明顯的是，深度神經網路受到可靠性限制的影響，除非有重要的概念突破，否則這項技術可能不適用於許多極其關鍵的應用程式。我們在第三章（38 頁）中曾經談到 Vicarious 這家專注於製造靈巧機器人的小公司，而這項技術的弱點，最顯著的證明來自 Vicarious 的研究人員對 DeepMind 的 DQN 所使用的神經網路進行的分析。DQN 是已學會如何主宰雅達利電玩遊戲的系統。[137] 其中一項測試在《打磚塊》上進行，在這款遊戲中，玩家必須操縱一塊平台來攔截快速移動的球。當這塊平台在螢幕上往上移動幾個像素時，該系統之前超乎常人的表現立即驟降，這是人類玩家甚至可能不會注意到的變化。即使是這麼小的更動，DeepMind 的軟體也無法適應，而要回到顛峰表現的唯一方法是從頭開始，使用新的螢幕配置的數據完全重新訓練系統。

　　這告訴我們，雖然 DeepMind 強大的神經網路確實實例化了螢幕上的內容，但即使在網路深處更高層的提取級別，這種表徵仍然牢固地定錨到原始的像素。顯然系統未能突發地將這個平台視為可移動的實際物體。換句話說，對於螢幕上的像素所代表的物體對象或控制它們運動的物理學，系統完全沒有和人類一樣的理解力。從頭到尾都只有像素。雖然一些人工智慧研究人員可能會繼續相信，只要可以有更多層的人工神經元、在更快的硬體上運作並汲取更多的數據，最終可能會出現更充分的理解能力，但我認為這不太可能。在我們開始看到具備更符合人類的世界觀的機器之前，需要有更多根本上的創新。

這種一般性的問題，即人工智慧系統不夠靈活，甚至無法適應其輸入數據微小的意外變化，被研究人員稱為「脆弱」（brittleness）。如果一個脆弱的人工智慧應用程式導致倉儲機器人偶爾將錯誤的物品裝入某個盒子，這可能不是什麼大問題。然而在其他應用中，同樣的技術缺陷很可能帶來災難性的後果。這也解釋了為什麼完全自動化的自動駕駛汽車領域的進展不符合早期一些更積極的預測。

隨著這些局限在 2010 年代末期成為焦點，人們開始擔心這個領域再次發展未如預期，而且炒作週期已將期望推高到不切實際的高度。在科技媒體和社群媒體上，人工智慧領域最害怕的「人工智慧寒冬」再次出現了。在 2020 年 1 月接受 BBC 採訪時，約書亞・班吉歐說：「人工智慧的能力有點被對這個領域有興趣的某些公司……誇大了。」[138]

這樣的擔憂與一直以來都處於所有媒體風頭上的產業有很大關係，也就是我們在第三章（38 頁）討論過的自動駕駛汽車。

越來越明確的是，雖然在這十年間的初期有樂觀的預言，但能夠在各種條件下行駛、真正無人駕駛的車輛仍然離現實有一段距離。Waymo、優步和特斯拉等公司都已經讓自動駕駛汽車上路了，但除了一些非常有限的實驗之外，一定會有一位人類駕駛——結果是，這位駕駛不得不經常操控車輛。即使在車上有駕駛在監督汽車的運作，一些致命事故也讓這個產業的聲譽蒙上了汙點。在 2018 年一篇廣為流傳、標題為〈AI 寒冬即將到來〉（*AI Winter is Well On its Way*）的部落格文章中，機器學習領域的研究人員菲利普‧皮克涅夫斯基（Filip Piekniewski）指出，加州政府所要求的記錄顯示，一輛被測試的汽車如果沒有需要由人類駕駛員控制的系統解除自駕模式，「實際上無法行駛 10 英里」。[139]

　　我個人的觀點是，如果另一個人工智慧寒冬真的來臨，那很有可能會是一個和煦的冬天。雖然針對進展變慢的擔憂是有根據的，但在過去幾年中，人工智慧已深入到大型科技公司的基礎設施和商業模式中。這些公司在電腦資源和人工智慧人才方面的大規模投資都獲得了顯著回報，他們現在認為人工智慧是在市場上有競爭力的關鍵。同樣地，幾乎每家新創科技公司現在都在某種程度上投資人工智慧，其他產業大大小小的公司也開始部署這項技術。這種與商業領域的成功整合，比以前人工智慧寒冬時期存在的任何東西都重要得多，因此，這個領域受益於企業界的一大群擁護者，並具有可以採取行動緩和任何衰退的整體力量。

　　還有一種思維是，以擴展作為進步主要來源方向的衰退，可能有其光明的一面。當大家普遍認為只要將更多的電腦資源投入到某個問題上就會產生重要的進步時，投入真正的創新當中更困難的工作的動力會明顯減少。例如，摩爾定律就是這種情況。當大家對於電腦的速度大約每兩年會翻一倍幾乎有著絕對信心時，半導體產業更傾向於聚焦在推出和英特爾與摩托羅拉（Motorola）所設計的相同微處理器相比更快的版本。近年來，原始電腦的加速程度變得不那麼可靠了，隨著印在晶片上的電路尺寸縮小到接近原子大小，我們對摩爾定律的傳統定義也正在走向盡頭。這迫使工程師做更多跳脫框架的思考，進而帶來創新，例如為大規模平行運算（parallel computing）設計的軟體和全新的晶片架構，其中許多都針對深度神經網路所需的複雜電腦運算進行了優化。我認為，隨著過度依賴只是擴展到更大的神經網路的方法變得不太可能帶來進步，我們可以期待在更廣泛的深度學習和人工智慧領域中會有源源不絕的新創意出現。

## 尋求更通用的機器智慧

克服深度學習系統當前的局限性將需要能夠讓機器智慧不可避免地更接近人腦能力的創新。這條道路上有許多重大的阻礙，但這些最終都指向人工智慧的聖杯：一種可以在等同人類或超越人類的層次上進行交流、推理和構思新想法的機器。研究人員通常將其稱為「通用人工智慧」（artificial general intelligence，AGI）。目前在現實世界中不存在接近通用人工智慧的東西，但科幻作品中有很多例子，包括《2001 太空漫遊》中的哈兒，《星艦迷航記》（*Star Trek*）中企業號（Enterprise）的主機和角色百科（Mr. Data），當然，還有《魔鬼終結者》和《駭客任務》中描繪的真正反烏托邦的科技。人們可以強力地主張，具有超人能力的通用機器智慧的發展將是人類歷史上最重要的創新；這樣的技術將成為最終極的智慧工具，將極大化加快無數領域的進步速度。但在人工智慧專家中，對於實現通用人工智慧可能需要多長時間有很大的意見分歧。一些研究人員非常樂觀，認為這個突破可能會在五到十年內發生；其他人則要謹慎得多，並認為這可能需要一百年或更長的時間。

　　在可預期的未來，大多數的研究焦點都不會放在媲美人類能力的人工智慧的實際成果，而是在於實現這件事的旅程，以及成功克服這條路上的障礙所需的眾多重要創新。打造真正具有思維的機器的探索不僅僅是一個推測性的科學計畫，它代表了一個建構人工智慧系統的路線圖，朝著打造出可以克服當前限制並展示新功能的人工智慧系統前進。沿著這條路前進時所取得的進展幾乎肯定會產生大量具有龐大商業和科學價值的實際應用。

　　在 Google 從事人工智慧工作的各個團隊的研究理念，就展現出這種實用的近期創新與追求真正人類程度的機器智慧的結合。Google 負責整體人工智慧的總監傑夫・迪恩告訴我，Google 在 2014 年收購的獨立公司 DeepMind 的目標特別著重在通用機器智慧，而且有「結構性的計畫」來解決特定問題，希望最終能夠實現通用人工智慧。Google 的其他研究小組則採用「更自然」的方法，專注於做「我們知道很重要但還不能做的事情，一旦解決了這些問題，我們就會弄清楚接下來要解決的問題是哪些」。他說，Google 的所有人工智慧研究小組都在「共同努力打造真正具備智慧且靈活的人工智慧系統」。[140] 只有時間可以證明是自上而下的計畫方法會成功，還是逐步探索的過程會更成功，但這兩種方向都很可能會產生具有重要且可立即應用的新概念。

在這些過程中獲得進展的團隊擁有不同的研究理念，也使用許多不同的策略在應對未來挑戰。這些研究理念與策略的共同之處，是它們的最終目標都是以至少到目前為止還是人類認知所獨有的能力為模型的。

有一種重要的方法是直接從人腦的內部運作中尋找靈感。這些研究人員認為，神經科學中應該有直接和人工智慧相關的資訊。在這個領域的先驅是 DeepMind。該公司的創辦人兼執行長德米斯・哈薩比斯是非典型的人工智慧研究人員，他在研究所接受的訓練是神經科學領域的，並且擁有倫敦大學學院神經科學領域的博士學位。哈薩比斯告訴我，DeepMind 最大的一個研究小組是由神經科學家所組成，他們專注於找出將腦科學的最新發現應用在人工智慧上的方法。

他們的目標不是從任何細節意義上複製大腦的工作方式，

而是從大腦運作的基本原理中獲得啟發。人工智慧專家經常透過使用動力飛行的實現和後續所發展出的現代飛機設計的類比來解釋這種方法。雖然飛機很顯然是受到鳥類的啟發，但它們當然不會拍打翅膀或試圖直接模仿鳥類飛行。當工程師了解空氣動力科學後，就可以製造出根據與鳥類飛行相同基本原理而運作的機器，在很多層面上，它們的能力都遠遠超過它們的生物模擬對象。哈薩比斯和 DeepMind 的團隊認為，可能存在著某種「智慧的空氣動力學」，這個基礎理論認為它是構成人類智慧與潛在的機器智慧的基礎。

　　DeepMind 跨學科的團隊提出了一些令人信服的證據，該公司在 2018 年 5 月所發表的研究報告中顯示出可能確實存在這樣一套通用的原則。在這個時間點的四年前，諾貝爾生理學或醫學獎（Nobel Prize in Physiology or Medicine）頒獎給三位神經科學家約翰・奧基夫（John O'Keefe）、邁－布里特・莫澤（May-Britt Moser）和愛德華・莫澤（Edvard Moser），因為他們發現了一種賦予動物空間導航能力的特殊類型神經元。當動物探索其環境時，這些稱為網格細胞（grid cells）的神經元會在大腦內以規則的六邊形圖案發射。網格細胞被認為構成了一種「內在的 GPS」，這是神經系統的地圖，讓動物在複雜和不可預測的環境中尋找方向時可以維持方向。

　　DeepMind 進行了一項電腦實驗，在實驗中，DeepMind 的研究人員用數據訓練一套強大的神經網路，這些數據模擬了在黑暗中覓食的動物可能依賴的、以行動為主的資訊。值得注意的是，研究人員發現類似網格細胞的結構「自發地出現在網路中，這與正在覓食的哺乳動物身上觀察到的神經活動模式驚人地相似。」[141] 換句話說，相同的基本定位結構似乎在兩種完全不同的基質中自然產生，一種是生物上的，另一種是數位上的。哈薩比斯告訴我，他認為這是公司最重要的突破之一，而該研究可能代表，利用網格細胞的內部系統，無論其細節是如何執行，可能就是在任何系統中呈現導航定位資訊時電腦效率最高的方式。[142] DeepMind 的科學論文描述了這項研究，這篇論文發表在《自然》科學期刊上[143]，在神經科學領域也引起廣泛的共鳴，像這樣的見解顯示，該公司的跨學科方法可能會變成一條雙向道，人工智慧研究不僅從大腦學習，而且還有助於對大腦的理解。

　　DeepMind 在 2020 年初利用其在強化學習方面的專業知識，探索了大腦中多巴胺神經元的運作，並再次為神經科學做出了重要的貢獻。[144] 自 1990 年代以來，神經科學家已經了解到，這些特殊的神經元可以預測動物採取特定行動時可能獲得的獎勵。如果最後實際獲得的獎勵大於預期，則釋放的多巴胺也會相對較多。如果結果只是平平，就會產生較少這種「感覺良好」的化學物質。傳統上，電腦的強化學習的運作方式大致相同。演算法會進行預測，然後根據預測結果與實際結果之間的誤差調整獎勵。

　　DeepMind 的研究人員能夠產生一組分布預測，並相應地調整獎勵來大幅改進與強化學習算法。該公司與哈佛大學的一組研究人員合作研究大腦中是否會發生同樣的狀況。他們證明了老鼠的大腦實際上採用了類似的預測分布，有一些多巴胺神經元相對更悲觀，而另一些則對潛在獎勵更樂觀。換句話說，這家公司再次展現了在數位演算法和生物大腦中導致平行結果的相同基本機制。

　　這類的研究反映了哈薩比斯和他的團隊對強化學習的信心，以及他們相信對於任何向更通用人工智慧發展的嘗試，強化學習都會扮演關鍵的角色。在這方面，他們其實是被排除在外的。舉例來說，楊立昆曾表示，他認為強化學習的作用相對較小。他經常在他的演講中說，如果智慧是一塊黑森林蛋糕，那麼強化學習就只是蛋糕上面的櫻桃。DeepMind 的團隊則認為它更具有核心的意義，並且可能提供實現通用人工智慧的可行途徑。

　　我們通常會描述用獎勵驅動演算法來強化學習，以優化一些外部的整體過程，例如，學習下圍棋遊戲或弄清楚如何駕駛一輛模擬中的汽車。然而，哈薩比斯指出，強化學習在大腦內部也有著關鍵作用，它可能是智慧出現的關鍵。我們可以想像，強化學習可能是驅動大腦往好奇心、學習和推理發展的主要機制。例如，想像一下，大腦的內在目標是探索並在原始數據的洪流中找到秩序，這些原始數據會隨著動物在所處的環境中移動時不斷地出現。哈薩比斯說，「我們知道看到新的事物會在大腦中釋放多巴胺」，如果大腦內建「尋找資訊和結構本身是值得獎勵的事情，那麼這就是一個非常有用的動機」。[145] 也就是說，推動我們持續了解周遭世界的引擎，可能是一種與產生多巴胺相關的強化學習演算法。

人工智慧新創公司 Elemental Cognition 的執行長兼創辦人大衛‧費魯奇則正在尋找一種完全不同的方法來打造更通用的機器智慧。費魯奇最出名的是他領導的團隊打造了 IBM 的 Watson，這套系統在 2011 年時擊敗了肯‧詹金斯（Ken Jennings）和其他頂尖的《危險邊緣》參賽選手。在 Watson 獲勝後，費魯奇離開了 IBM，加入了華爾街對沖基金橋水基金（Bridgewater Associates），根據報導，他在那裡致力於使用人工智慧來理解宏觀經濟，並幫助橋水基金創辦人瑞‧達利歐（Ray Dalio）將他的管理和投資理念轉化到整個公司所使用的演算法中。

費魯奇現在在橋水擔任應用人工智慧總監和負責 Elemental Cognition 之間分配他的時間，後者從對沖基金獲得初始風險投資。[146] 他告訴我，Elemental Cognition 專注於「真實語言的理解」。該公司正在打造可以自主閱讀文本然後與人類進行交互對話的演算法，以增強系統對素材的理解，並對任何結論提出解釋。費魯奇接著說：

　　我們想要探討的方向是突破語言的表面結構、超越字詞頻率中出現的模式，然後取得潛在所蘊含的意義。由此，我們希望能夠創造內在的邏輯模型，是人類可以創造出並用於推理和交流的邏輯模型。我們希望確保系統能夠產生相容的智慧。這種相容的智慧可以透過和人類互動、人類的語言、和人類對話以及其他相關經驗來自主學習和精進其理解力。[147]

　　這是一個非常野心勃勃的目標，對我來說，這聽起來非常接近人類的智慧程度。我們在 DeepMind 玩雅達利遊戲的 DQN 系統上看到，當遊戲內的平台移動了幾個像素時所出現的極限，同樣也出現在現有的處理自然語言的人工智慧系統上。正如 DQN 不理解螢幕上的像素代表可以移動的物理對象一樣，當前的語言系統也無法真正理解它們所處理的字詞的涵義。這正是 Elemental Cognition 所面臨的挑戰。

　　費魯奇顯然相信，解決語言理解問題代表一條通往更通用智慧最清晰的途徑。他不像 DeepMind 的團隊所嘗試的那樣深入研究大腦的生理學，費魯奇認為，可以直接設計一套系統，使其在理解語言以及運用邏輯和推理的能力方面接近人類的水準。他在人工智慧研究人員中鶴立雞群，因為他認為通用智慧所需的基本磚瓦已經到位，或者正如他所說，「我不像其他人一樣認為我們不知道該怎麼做，而且正在等待一些巨大的突破。我不認為是這樣。我認為我們確實知道該怎麼做，我們只需要證明這一點」。[148]

他對於在不久的將來實現這一目標的可能性也非常樂觀。在 2018 年的一部記錄片中，他說：「在三到五年內，我們將擁有一個電腦系統，是可以自主學會理解，以及自主學會培養理解力，這與人類思維的運作方式沒什麼兩樣。」[149] 當我就他所提出的這項預測進一步問他時，他有些退縮，承認三到五年可能確實是樂觀的。然而，他說他仍然「認為這是我們可以在未來十年左右看到的東西，不需要等五十年或一百年」。[150]

為了實現這一目標，Elemental Cognition 的團隊正在打造某種混合的系統，其中包括深度神經網路以及其他機器學習方法，並結合使用傳統程式編碼技術所創造的軟體模組來處理邏輯和推理。我們將會看到，對於這種混合方法與完全以神經網路為主的策略，兩者間誰比較有效的爭論，正在成為人工智慧領域面臨的其中一個最重要的問題。

雷蒙・庫茲維爾現在是 Google 的工程總監，他同樣也正在一條非常注重理解語言的道路上追求通用智慧。庫茲維爾以其 2005 年的著作《奇點臨近》（ *The Singularity Is Near* ）而聞名，這使他成為「奇點」（Singularity）思想最著名的傳道者。庫茲維爾和他的許多追隨者相信，超人類機器智慧出現後，很可能會帶來奇點，而奇點總有一天會讓人類歷史發展的曲線突然向上彎曲，這是一個拐點，代表著當科技加速將變得非常極端，以至於完全且也許令人難以理解地改變人類生活和文明的各個層面。

　　庫茲維爾在 2012 年出版了另一本書《人工智慧的未來》（*How to Create a Mind*），書中勾勒出了人類認知的概念模型。根據庫茲維爾的說法，大腦由大約 3 億個階層式模組所驅動，每個模組「能辨識序列樣式並接受一定程度的可變性」。[151] 庫茲維爾認為，與當前依賴監督學習或強化學習技術的深度學習系統相比，這種模組化方法最終將讓系統可以從更少的數據中學習。當庫茲維爾找 Google 的賴利・佩吉尋求資金以將這些想法付諸實踐時，佩吉說服庫茲維爾加入 Google 並用公司龐大的電腦資源來實現他的願景。

　　庫茲維爾的預測已經十年了，但是他仍然相信，通用人工智慧將在 2029 年左右的某個時候實現。與許多人工智慧研究人員不同，他仍然相信圖靈測試（Turing test）是評估人類程度智慧的有效方法。圖靈測試由艾倫・圖靈在 1950 年的論文中提出，這項測試本質上相當於一段聊天對話，其中有裁判會試圖判定對話者是人還是機器。如果裁判無法區分對話者是電腦還是人類，那麼就會說這台電腦通過了圖靈測試。許多專家不認為圖靈測試是衡量人類機器智慧的有效方法，部分原因是它已被證明容易受噱頭所影響。比方說，2014 年在英國雷丁大學舉行的一場比賽中，一個模仿 13 歲烏克蘭男孩的聊天機器人設法騙過裁判，並宣稱是演算法首次通過圖靈測試。這場談話僅持續了 5 分鐘，人工智慧領域幾乎沒有人認真看待這一說法。

　　儘管如此,庫茲維爾仍相信,一個更強大的測試版本確實會成為真正機器智慧的有力指標。在 2002 年,庫茲維爾與軟體企業家米奇·卡普爾(Mitch Kapor)正式以 2 萬美元做賭注。這個賭注指定了一套複雜的規則,其中包括一個由三位裁判組成的小組和四位參賽者:人工智慧驅動的聊天機器人與三位人類陪襯者。[152] 只有到 2029 年底,大多數裁判在與每位參賽者進行了兩小時的一對一對話後,大多數裁判都認為人工智慧系統是人類時,這個賭注才有利於庫茲維爾。在我看來,通過這樣的測試將是人類程度的人工智慧已經到來的強力證明。

　　雖然庫茲維爾有著傑出的發明家生涯,但現在人們通常主要視他為一位未來主義者,他擁有關於長遠科技加速的合理闡述的理論,但也有一些看似古怪、甚至有些人可能會說是愚蠢的、關於這些進步他認為會往哪些方向發展的想法。有一種說法是,庫茲維爾每天服用 100 顆或更多的保健食品希望能延長壽命。[153] 事實上,他相信自己已經達到了「長壽逃逸速度」(longevity escape velocity),或者換句話說,他希望能夠重複活到足夠長的時間,以獲益於下一項能延長生命的醫學創新。[154] 只要無限期地這樣做,同時避免突然被公車撞上,就可以獲得永生。庫茲維爾告訴我,在大約十年內,這樣的計畫也將適用於我們其他人。他認為將先進的人工智慧應用於生物化學的高擬真模擬是帶來這種進步的關鍵。他告訴我,「如果我們可以模擬生物學,這並非不可能,那麼我們可以在幾小時而不是幾

年內做臨床試驗，然後我們可以生成自己的數據，就像我們在
自動駕駛汽車、棋盤遊戲或數學上所做的那樣。」[155]

　　像這樣的想法，尤其是他對自己永生的可能性所抱持的
真誠信念，讓庫茲維爾受到了相當多的嘲笑，還有許多其他人
工智慧研究人員對他所提出以階層式架構達到通用智慧不屑一
顧。然而，我與庫茲維爾談話的其中一個主要收穫，是當他談
到Google在人工智慧方面所做的工作時，他似乎非常有理有據。
自2012年加入公司以來，他一直領導的一個團隊專注於將他
的大腦分層理論與深度學習的最新進展相結合，以生產具有高
級語言能力的系統。其中一項早期成果是「智慧回覆」（Smart
Reply）功能，這項功能可以在Gmail中提供現成的回覆內容。
當然，這與媲美人類的人工智慧相去甚遠，但庫茲維爾對他的
策略仍然充滿信心，他告訴我「人類也使用這種分層方法」，
並且最終「這對通用人工智慧來說也是夠用的」。[156]

　　另一條通往通用人工智慧的道路，正在由OpenAI開路，
OpenAI是一家總部位於舊金山的研究機構，成立於2015年，
得到了包括伊隆‧馬斯克、彼得‧泰爾和領英（Linkedin）聯
合創辦人里德‧霍夫曼（Reid Hoffman）等人的資金支持。
OpenAI最初是一個非營利組織，其使命是對通用人工智慧進行
安全和道德上的探索。這個組織的成立，有部分是為了呼應伊
隆‧馬斯克對超人機器智慧有朝一日可能對人類造成真正威脅
的可能性的深切擔憂。從一開始，OpenAI就吸引了這個領域的

某些頂尖研究人員，這也包括伊爾亞·蘇茨克維 ，他是傑佛瑞·辛頓在多倫多大學實驗室團隊的一員，這個團隊打造了在 2012 年 ImageNet 競賽中獲勝的神經網路。

在 2019 年，當時負責矽谷最知名的新創公司孵化器 Y-Combinator 的山姆·奧特曼（Sam Altman）成為 OpenAI 的執行長，並進行了複雜的法律改組，讓一家營利性公司成為最初的非營利組織的附屬公司。這樣做是為了從私營部門吸引足夠的投資，讓 OpenAI 能夠為大規模的電腦資源投資提供資金，並競爭日益稀缺的人工智慧人才。此舉迅速發揮效果：2019 年 7 月，微軟宣布將投資 10 億美元在這家新公司。

OpenAI 在通用人工智慧的競爭上，可能是 Google 的 DeepMind 的競爭對手中資金最充足的，雖然在人員的規模它仍然遠小於其他更成熟的公司。與 DeepMind 一樣，OpenAI 開發了使用強化學習技術訓練的強大深度神經網路，OpenAI 的研究人員團隊也設計了能夠在像是《Dot 2》的電玩遊戲中擊敗最厲害的人類玩家的系統。然而，OpenAI 與眾不同之處在於，它只專注於打造在更強大的運算平台上運算，且越來越龐大的深度神經網路。就算該領域的其他人警告說，將擴展性作為某種策略將會無法永續發展下去，但 OpenAI 仍然對這種策略進行了大量的投資。事實上，微軟的 10 億美元投資，主要的交付形式將以這家科技巨頭的雲端電腦運算服務 Azure 的運算能力來提供。

可以肯定的是，OpenAI「越大越好」的心態已經帶來了重大的進展。OpenAI 最引人注目且最具爭議的其中一項突破，是在 2019 年 2 月展示了一種名為「GPT-2」的強大自然語言系統。GPT-2 由一個「生成式」的神經網路所組成，這套網路用從網路上下載的大量文本來做訓練。在生成式的系統中，深度神經網路的輸出從本質上被翻轉，因此系統做的不是識別或分類數據（例如為照片下標題），而是創造與受訓所使用的數據大致相似的全新範例。生成式深度學習系統是「深偽技術」（deepfakes）背後的技術，要區分這些深度偽造的媒體素材與真實的事物，可能非常困難或甚至是不可能做到的事情。深偽技術也是與人工智慧有關的一項關鍵風險因素，我們將在本書的第八章（244 頁）討論它們的涵義。

　　GPT-2 的設計是，系統會在給一兩句話的文本提示時生成一段完整的敘述，實際上，是從文本提示中斷的地方開始敘述並完成故事。GPT-2 在人工智慧研究人員之中引起了轟動，尤其是在媒體上，因為在大多數情況下，它所呈現的敘事文本非常具連貫性。事實上，其連貫性強大到 OpenAI 出於擔心這套系統可能被濫用，而拒絕像其先前的許多研究那樣，與其他研究人員共享 GPT-2 的程式碼。OpenAI 的管理團隊擔心 GPT-2 系統所生成的大量文本可能會以假新聞的方式鋪天蓋地出現在網路上，或者產生大量假的產品評論淹沒線上購物網站。由於這個領域非常重視思想的公開交流，這個決定招來了人工智慧研究界的批評。不到一年後，OpenAI 推翻了先前的決策，悄悄地發布了 GPT-2 的程式碼，也沒有看到任何惡意使用的證據，而這又導致該公司被指責故意大肆宣傳其研究並用危言聳聽來進行宣傳。

　　雖然 GPT-2 生成的散文在語法和結構方面通常是合格的，但即使是粗略閱讀也會清楚看到其所產生的敘述存在一些實際上的問題。以下是 OpenAI 網站上發布的 GPT-2 敘述範例的一部分：

　　提供由人所編寫的提示：

　　在一項令人震驚的發現中，一位科學家在安地斯山脈一個偏遠、從未被發現的山谷中發現了一群獨角獸。更令研究人員驚訝的是，獨角獸們說著一口流利的英語。

　　GPT-2 所生成的敘述：

　　科學家以牠們獨特的角將牠們命名為奧維德的獨角獸。這些四角、銀白色的獨角獸，在過去未見於科學領域中。

　　現在，在將近兩個世紀之後，引發這種奇怪現象的謎題終於解開了。拉巴斯大學的演化生物學家豪爾赫・佩雷斯博士和幾位同伴在探索安地斯山脈時，發現了一個小山谷，這裡沒有其他動物或人類。佩雷斯注意到在山谷裡有一座看起來像是天然噴泉的東西，周圍環繞著兩座岩石與銀色的雪的山峰。

　　佩雷斯等人隨後冒險進入山谷。「當我們到達一座山峰的頂部時，水看起來是藍色的，水面上有一些晶體。」佩雷斯說。

佩雷斯和他的朋友們對於看到獨角獸群感到驚奇。這些生物可以從空中看到，且不必移動太多就可以看到牠們——牠們離得太近了，以至於可以觸摸到牠們的角。

在檢查這些奇怪的生物時，這些科學家發現這些生物還說著某種相當普通的英語。佩雷斯說：「例如，我們可以看到牠們有一種共同的『語言』，有點像是方言或是方言的。」

故事還有後續好幾段，但就在一開始，我們看到有一種新的「四角」獨角獸被發現了。後來，我們被告知這些獨角獸說「普通英語」，但他們「有一種共同的『語言』，像是方言或方言的」。然後，看到這段話的人會疑惑這到底是什麼意思，「這些生物可以從空中看到，且不必移動太多就可以看到牠們——牠們離得太近了，以至於可以觸摸到牠們的角」。

所有這些都清楚地顯示出，OpenAI 所開發、由幾百萬個人工神經元所構成的的龐大系統中，雖然確實有某些東西產生連結，但是真正的理解並不存在。系統不知道獨角獸是什麼，也不知道「四角」與「獨角獸」的涵義互相矛盾。GPT-2 碰到的狀況與大衛‧費魯奇在 Elemental Cognition 的團隊以及 Google 的雷蒙‧庫茲維爾試圖解決的，是同樣的根本性局限問題。

2020 年 5 月時，OpenAI 發布了 GPT-3，這是一套更強大的系統。雖然 GPT-2 的神經網路包含了大約 15 億個參數且這些參數在網路訓練時都經過優化，但 GPT-3 將這個數量增加了一百多倍，達到 1,750 億參數。GPT-3 的神經網路以大約 0.5 兆位元組的文本做訓練，這個數量龐大到整個英文版維基百科（大約 600 萬篇文章）僅占總數的 0.6％左右。OpenAI 給一組精挑細選的人工智慧研究人員和記者早期的體驗權限，並宣布將讓新的系統成為該公司第一個商業產品的最終計畫。

在接下來的幾週裡，隨著大家開始試用 GPT-3 後，在社群媒體上爆發對新系統強大功能的震驚反應。在給予適當的提示後，GPT-3 可以用已故作者的風格寫出令人信服的文章或詩。它甚至可以產生歷史或虛構人物之間虛假的對話。有一位大學生使用這套系統生成了一個自助部落格的所有貼文，並登上了排行榜的首位。[157] 所有這一切很快讓人們猜測該系統代表了人類程度的機器智慧道路上的關鍵突破。

然而，大家很快就發現，許多最令人印象深刻的案例都是從多次試驗中費心挑選出來的，而且 GPT-3 與其前身一樣，經常產生連貫但沒有意義的字句。OpenAI 的兩套 GPT 系統都在其核心強大的預測引擎上。給了一系列的單詞後，它們擅長預測下一個單詞是什麼。GPT-3 將這種能力提升到了前所未有的水平，而且由於系統訓練用的大量文本包含了真實的知識，系統也常會產出非常有用的成果。然而，這些產出沒有一致性，GPT-3 經常會產生廢話，並且在處理對任何人來說都很簡單的任務時，GPT-3 常常會遇到困難。[158] 與前一個版本相比，關於獨角獸，GPT-3 肯定可以寫出一個更引人入勝的故事。然而，它仍然不理解獨角獸是什麼。

　　如果 OpenAI 繼續在這個問題上投入更多的電腦資源，並且打造規模更大的神經網路，真正的理解能力是否會出現？在我看來，這似乎不太可能，許多人工智慧專家也對 OpenAI 就擴展規模持續懷抱信心有非常多批評。斯圖爾特‧羅素（Stuart Russell）是加州大學柏克萊分校電腦科學教授與世界首屈一指的大學人工智慧教科書的合著作者，他告訴我，實現通用人工智慧會需要「與更大的數據集或更快的機器無關的突破」。[159]

　　儘管如此，OpenAI 團隊仍然充滿信心。該公司的首席科學家伊爾亞‧蘇茨克維在 2018 年的一次科技論壇上發表演講時說：「我們回顧了這個領域在過去六年的發展。我們的結論是，應該認真看待通用人工智慧在短期內實現的可能性。」[160] 幾個月後，在另一次論壇上，OpenAI 的執行長山姆‧奧特曼說：「我確實認為打造通用人工智慧的主要祕訣就是讓這些系統規模越來越擴大。」[161] 這種方法的效果尚無定論，但我的猜測是，為了取得成功，OpenAI 需要加大做真正創新的力度，而不僅僅是擴大神經網路的規模。

## 符號主義人工智慧的復甦與固有結構的爭論

　　在研究人員對抗未來挑戰的同時，符號主義人工智慧陣營所倡導的思想也正在經歷某種復甦。幾乎每個人都承認，如果人工智慧要向前發展，就必須處理符號主義者試圖解決卻因此跌了一大跤的那些問題。除了相對少數的深度學習純粹主義者（其中有許多人似乎都與 OpenAI 相關），大部分研究人員幾乎對於「光靠擴展現有的神經演算法與仰賴更快的硬體和更多的數據，就足以發展出對更通用的智慧來說不可或缺的邏輯推理和常識理解」不具有信心。

好消息是，這一次，我們可能會看到某種和解以及努力整合，而不會看到符號主義學派與連結主義學派之間的競爭。這一個新興的研究領域被稱為「神經符號人工智慧」（neuro-symbolic AI），這可能會是人工智慧未來最重要的其中一項進展。隨著數十年來偶爾激烈的競爭逐漸從歷史中被淡忘，新一代的人工智慧研究人員似乎更願意嘗試找到連結兩種方法之間的橋梁。位於麻薩諸塞州劍橋的 MIT － IBM Watson 人工智慧實驗室的主任大衛·科克斯（David Cox）表示，年輕的研究人員「沒有參與到那些歷史」並且「樂於探索不同路線的交會點。他們只是想用人工智慧做一些很酷的事」。[162]

關於如何達到這樣的整合，有兩種普遍的思想流派。最直接的方法可能是簡單地打造一套混合式系統，將神經網路與使用傳統程式編碼技術所建造的軟體模組相結合。能夠處理邏輯和符號推理的演算法將以某種方式與專注於學習的深度神經網路建立連結。這是大衛·費魯奇在 Elemental Cognition 的團隊所追求的策略方向。第二種方向是找到某種方法將符號人工智慧的能力直接用在神經網路的架構中。這一點可能可以透過將必要的結構設計到深度神經網路裡面來實現，或者，我有個更具推測性的想法，是透過設計出一套深度學習系統與一種非常有效的訓練方法，必要的結構會以某種方式自然地出現。雖然年輕的研究人員可能願意考慮所有可能性，但在那些擁有更資深職位的人當中，關於哪個方向是最佳作法的爭論仍在繼續。

　　蓋瑞・馬庫斯（Gary Marcus）就是其中一位最大力鼓吹混合策略的提倡者，他直到最近還是紐約大學的心理學和神經科學教授。馬庫斯一直嚴厲批評他認為是在過分強調深度學習的行為，並撰寫論文和參與辯論，他認為深度神經網路注定會維持淺薄和脆弱的狀態，除非從符號人工智慧中提取概念直接注入到混合的策略中，否則一般智慧不太可能出現。馬庫斯的大部分研究生涯都在研究兒童如何學習與獲得語言能力，他認為純粹的深度學習方法幾乎沒有任何與人類兒童的非凡能力相媲美的可能性。他的批判並不總是受到深度學習社群的歡迎，儘管他在 2015 年和其他人共同創立了一家被優步收購的機器學習新創公司，他仍被大家視為局外人與對這個領域沒有重大貢獻的人。

　　普遍來說，有經驗且在深度學習上投入最多的研究人員往往對混合式的方法不屑一顧。約書亞・班吉歐告訴我，目標應該是「使用來自深度學習的建築基石，解決傳統人工智慧試圖解決的某些相同問題」。[163] 傑佛瑞・辛頓對這個想法更不屑一顧，他說他「不相信混合式是答案」，並將這樣的系統與像是魯布・戈德堡（Rube Goldberg）的混合動力汽車進行比較，後者使用電動馬達將汽油噴射到內燃機中。[164] 問題就在於到目前為止還沒有明確的策略將符號人工智慧的能力整合到完全由神經網路所建構的系統中。不過，就如馬庫斯所指出的，許多深度學習最顯著的成就，包括 Deep Mind 的 AlphaGo 系統，實際上都是混合式系統，因為在深度神經網路以外，它們還需要靠傳統的搜尋演算法才得以取得成果。

在研究人員爭論混合式模型的有效性的同時，還有一股爭論是集中在機器學習系統內置的先天結構的重要性上。雖然深度神經網路確實經常包含著某種程度的預設結構，比如用於圖像識別的卷積架構，但許多深度學習的核心擁護者認為，這應該降到最少，好讓這項技術能夠從非常接近白紙的狀態進步。舉例來說，楊立昆就告訴我，「從長遠來看，我們不需要精準的特定結構」，他指出沒有證據顯示人腦中有這種神經結構，並提到「皮層的微觀結構，無論是觀察視覺皮層或前額葉皮層，結構似乎都非常一致」。[165] 這個陣營的研究人員普遍認為，創新應該集中在開發改進的訓練技術上，好讓相對一般性的神經網路達到更強的理解能力。

像馬庫斯這樣具有兒童認知發展研究背景的研究人員積極反對「白紙」的哲學。幼兒的腦部顯然包含有助於快速開始學習進步的內建功能。在出生幾天之內，嬰兒就能夠辨別人臉。

在動物界的其他地方，不用透過學習就可行動的智慧的存在更明顯。冷泉港實驗室的神經科學家安東尼‧札多（Anthony Zador）指出，「松鼠可以在出生幾個月內從一棵樹跳到另一棵，新生的小馬在幾小時內就可以行走，而蜘蛛出生就準備好獵捕獵物了」。[166] 蓋瑞‧馬庫斯經常提到阿爾卑斯羱羊，這是一種在高山的山羊，大部分時間都生活在陡峭、危險的地形上。新生的羱羊能夠在幾個小時內站立並在斜坡上行走，在這種環境中，任何需要反覆嘗試的學習都代表著必死無疑。這就像是隨插即用的技術：開箱即用。這個陣營的研究人員認為，更通用、更靈活的人工智慧同樣需要內置認知的機制，可能是直接注入到神經網路結構中，或是透過混合式的方法來整合。

倡導深度學習的人有時會提出，雖然這種先天性結構最後可能很重要，但它也很可能會在持續學習過程中的某個部分自然地出現。然而，如果我們從生物的大腦中尋找啟發，我會認為大腦中的任何結構都不是來自長期學習的結果。我們知道，在動物的一生中，學習確實會在一定程度上改變大腦結構。例如，大家常說神經元是「一起激發的會連在一起」（fire together, wire together）。問題是，個體生物無法將在其生命週期中透過學習而形成的神經結構傳遞給後代。學習某些東西，接著以某種方式將描述與學習相關的大腦結構的資訊注入到動物的卵子或精子細胞的遺傳編碼中，像這樣的能力並不存在。個體生命中任何大腦結構的發展都會隨著生物一起死亡。因此，看起來很明確的是，大腦中的任何結構都一定是透過正常進化過程而產生的，或者換句話說，是透過隨機突變而產生的，這些突變會決定生物體更加或更不適應，以及是否會傳給後代。使用進化或遺傳演算法直接複製這個過程可能是一種途徑，然而，直接設計出必要的結構可能是實現進步的更快方法。

　　在關於混合與純神經方法的爭論中，你可能會說深度學習的擁護者還有最終的反駁。人類大腦顯然沒有一些獨立的電腦來運算特殊的演算法，以完成其神經網路無法處理的所有事情。大腦從頭到尾都只有神經元。儘管如此，就我來看，混合式的方法可能會在短期內帶來更多的實際成果。雖然純粹的神經方法顯然是生物進化而形成的途徑，但這不應該讓我們忽視使用其他技術將更快進步的可能性。我們也不應該只因為那些可行的方法被認為不夠精煉而不予以考慮。當我們登陸月球時，我們沒有科幻作品中的太空船，它們能夠輕易地縮小、著陸、再次起飛；相反地，我們有一個更複雜的裝置，你甚至會說它是笨重的，包括了一個登月艙和許多沿途必須丟棄的零件。也許有一天我們會擁有科幻作品中的太空船，但與此同時，我們已經登上了月球。

## 通用機器智慧之路的關鍵挑戰

　　大多數人工智慧研究人員都認為，要達到接近人類水準的人工智慧，需要先取得重大的突破，但對於哪些挑戰最重要，或者哪些挑戰應該優先處理，並沒有達成普遍且明確的共識。楊立昆經常用在山脈中前進的比喻來說明。只有在你爬上第一座山峰之後，你才能看到在它後面的阻礙是什麼。需要克服的障礙與打造能真正理解自然語言並進行有意義且不受約束之對話的機器的目標，這兩者重疊並總是互相交會。讓我們更詳細地探討人工智慧研究需要解決的一些重要問題。此列表並非詳盡無遺，但能夠清除所列的這些障礙的機器智慧，將比當今存在的任何事物都更接近通用人工智慧。同樣地，具備成熟能力而可以真正解決其中任何一項挑戰的系統，將有機會激發具有龐大商業和科學價值的實際應用。

- **常理推理**（Common Sense Reasoning）

我們所說的常理，基本上相當於我們對世界及其運作方式的共享知識。我們在生活中幾乎各個層面都依賴常理，特別是對我們交流的方式來說，常理特別重要。常理填補了人們不言而喻的空白，並允許我們透過大量的輔助性資訊來大幅濃縮我們的語言。

雖然幾乎任何成年人都能夠毫不費力地善用這種內置的知識系統，但要這樣做對機器來說很明顯是一個巨大的挑戰。將常理灌輸給人工智慧是一個目標，它和符號人工智慧與純粹神經方法的爭論，以及將結構和知識設計到人工智慧系統中的需求，都密切相關。

近年來，人工智慧系統在分析文本並正確回答跟素材相關的問題上有重要的進展。例如，2018 年 1 月，微軟與中國科技巨頭阿里巴巴合作開發的軟體在史丹佛大學研究人員設計的閱讀理解測試中，表現略高於人類平均水準。[167] 史丹佛的測試提出了源自維基百科文章的問題，正確的答案出自人工智慧系統直接「閱讀」的文章中所擷取的一段文本。換句話說，我們看到的不是真正理解力的展示，而是資訊提取和模式識別的展示，這是深度學習系統非常擅長的事情。然而，當問題需要任何程度的常識推理，或需要仰賴對世界的內隱知識時，該系統在此類測試中的表現就會急劇下降。

想理解人工智慧系統在常理方面的掙扎，最好的方法就是檢視特殊格式的句子，這稱為「威諾格拉德模式」（Winograd schemas）。這些句子由史丹佛大學的電腦科學教授泰瑞·威諾格拉德（Terry Winograd）所提出，利用指代不清楚的代詞來測試機器智慧運用常識推理的能力。下面是一個例子：[168]

市議會拒絕發給示威者許可證，因為他們害怕暴力。
誰害怕暴力？

對幾乎任何人來說，答案都很簡單：市議會。
但現在只更改句子中的一個詞：

市議會拒絕發給示威者許可證，因為他們鼓吹暴力。

誰鼓吹暴力？

將「害怕」改為「鼓吹」完全改變了代詞「他們」的涵義。光從句子中提取資訊是無法正確回答這個問題的。你必須對這個世界有某些了解，特別是市議會更喜歡和平的街道，而憤怒的示威者可能更傾向於使用暴力。

以下是一些其他的例子，在這些句子中，在括號中替換的詞會改變句子的涵義：

這個獎盃放不進棕色的手提箱，因為它太〔小／大〕了。

什麼東西太〔小／大〕？

貨車被校車超車，因為它開得太〔快／慢〕了。

什麼行駛的速度太〔快／慢〕？

在他到達樓梯的〔頂部／底部〕後，湯姆把書包扔給了雷。

誰到達了樓梯的〔頂部／底部〕？

對於像是這樣的一系列問題，任何處於正常狀態且識字的成年人，都很有可能獲得非常接近完美的分數。因此，及格的門檻分數應該要設定成非常高分。然而，面對一長串威諾格拉德模式的問題，就算是最厲害的電腦演算法，其表現也僅略優於隨機猜測。

在以建立機器智慧的常理為目標的領域中，最重要的一項創舉出現在艾倫人工智慧研究所。艾倫研究所的執行長奧倫．埃茲奧尼（Oren Etzioni）告訴我，這項被稱為「馬賽克計畫」（Project Mosaic）的成果，有部分源於該研究所為了實現微軟聯合創辦人保羅．艾倫（Paul Allen）對人工智慧系統的願景，他希望有一套人工智慧系統可以閱讀科學教科書的一章內容，然後回答在該章節最後的問題。埃茲奧尼告訴我，雖然他的團隊為了實現這個目標所做的嘗試是「最先進的」，但成果並不出色，總是只有「D」左右的分數。其中一個主要的絆腳石是人工智慧系統在回答問題時處理常理和邏輯推理的能力。例如，人工智慧系統很容易從生物學的教科書中學習到關於光合作用的實際資料，但埃茲奧尼說，真正的挑戰是碰到「如果在黑暗的房間裡有一株植物，你把它移到靠近窗戶的地方，植物的葉子會長得更快、更慢還是以同樣的速度生長？」這種問題時 [169]，它需要理解靠近窗戶的光線比較多，並且有能力推斷這將使植物生長得更快。

「馬賽克計畫」的第一項目標是設計一套標準的基準測試，用於衡量機器表現常理的能力。該研究所計畫在完成這項目標後應用各種技術，包括「群眾外包、自然語言處理、機器學習和機器視覺」[170]，以生成內建的關於這個世界的知識，這些知識將會為人工智慧系統注入常理。

　　雖然埃茲奧尼和他的團隊對於用將各種技術結合在一起的混合式方法有信心，但你可能料到了，這個想法在最堅定的深度學習擁護者中幾乎沒有激發任何熱情反應。當我問約書亞‧班吉歐，他是否認為像「馬賽克計畫」所做的這種嘗試很重要，或者他是否認為常識推理可能會以某種方式在學習的過程中自然地出現時，他毫不懷疑自己對深度學習方法的信心：「我相信常理會以學習過程的某個部分出現。它不會因為有人把一點點知識塞進你的腦子而出現，對人類來說也不是這樣。」[171] 楊立昆同樣認為通往常理的途徑是透過學習，他告訴我 Meta 的人工智慧研究團隊正在致力於「讓機器透過觀察不同的數據源來學習與了解世界運作的方式。我們正在打造一個世界的模型，讓常理可能會以某種形式出現，也許這個模型可以作為一種預測模型，使機器能夠像人類一樣學習」。[172]

　　好消息是，這兩種方向都有世上最聰明的人工智慧研究人員在積極探索。無論是自然地出現還是來自更程式化的方法，讓人工智慧系統能夠確實地使用對人類來說理所當然的那種常識推理的突破，將是一項非常驚人的進步。

## • 無監督式學習（Unsupervised Learning）

　　我們已經看到，用於訓練深度學習系統的兩種主要技術是需要大量標記數據的監督學習，以及在演算法試圖完成某項任務時需要大量反覆試錯的強化學習。雖然人類同樣會使用這些技術，但它們僅構成幼兒心智學習的很小一部分。非常年幼的孩子會從簡單的觀察中學習，例如透過傾聽父母的聲音，或是直接投入他們周遭的世界並從中做實驗。

　　新生嬰兒幾乎一出生就立即開始這個過程，在他們的身體有能力刻意與他們四周的環境互動的很久之前，他們就已經直接從他們的環境中學習。他們用某種方式設法建立了一個物質世界的模型，並開始建立作為常理基石的基礎知識。這種無須借助非結構化與未標記的數據、直接學習的能力，被稱為「無監督式學習」。這種強大的能力很可能是源自兒童腦中內建的某種認知結構，但毫無疑問，人類兒童獨立學習的能力，尤其是獲得語言的能力，遠遠超越任何透過最強大的深度學習系統可以達到的成果。

　　這種早期的無監督學習，隨後會成為更進階知識獲取的支撐。即使年紀較大的孩子的學習在某種程度上受到監督，所需的訓練數據也只是提供給最先進之演算法的訓練數據的一小部分。一個深度神經網路可能需要幾千張帶有標記的訓練照片才能確實地將動物的名稱連結到圖像上。相較之下，孩子的父母只要有一次指著一隻動物說「這是一隻狗」可能就足夠了。當孩子能識別這種動物後，就會在任何情況中這麼做，無論狗是坐著、站著或跑過馬路，孩子總能賦予該動物同樣的名稱。

　　無監督式學習是目前人工智慧領域最熱門的研究課題之

一。Google、Meta 和 DeepMind 都有專門研究這個領域的團隊，不過進展很緩慢，而且迄今為止幾乎沒有出現真正的實際應用。事實上，沒有人真正了解人腦究竟是如何達到從非結構化數據中自主學習這種無與倫比的能力。當前的大多數研究都以比較不那麼有野心的無監督學習方式為主，例如預測學習（predictive learning）或者自監督學習（self-supervised learning）。這類計畫的例子可能包括嘗試預測句子中的下一個單詞，或影片下一幅會出現的圖像。雖然這些類型的任務似乎與人類所能處理的任務相去甚遠，但許多研究人員認為，做出預測的能力絕對是智慧的核心，而且像這樣的實驗將推動事情往正確的方向發展。我們如何強調無監督機器學習領域真正的突破有多重要都不為過。例如，楊立昆認為，它很可能是帶領通用智慧幾乎所有其他領域獲得進展的方法，「在我們搞清楚如何做到這一點之前……我們不會有重大進展，我認為這是學習充分的世界背景知識的關鍵，這樣常理才會出現。這是主要的障礙。」[173]

## • 理解因果關係

　　學習統計學的學生經常被提醒「相關性不等於因果關係」。對於人工智慧而言，尤其是深度學習系統，理解止於相關性。加州大學洛杉磯分校著名的電腦科學家朱迪亞・珀爾（Judea Pearl）在過去三十年內為因果關係研究帶來了革命性的改變，並設計了一種正式的科學語言來表達因果關係。在 2011 年獲得圖靈獎的珀爾喜歡指出，雖然任何人都能憑直覺理解日出會引起公雞啼叫，但最強大的深度神經網路很可能無法有類似的洞察力。單憑數據分析沒辦法得出因果關係。

人類有一種獨特的能力，不僅可以察覺到相關性，還可以理解因果關係，我們可以根據非常少的例子就做到這一點。麻省理工學院電腦認知科學教授約書亞・特南包姆（Joshua Tenenbaum）將他的研究重點描述為「逆向工程人類思維」（reverse engineering the human mind），希望能夠得到對打造更聰明的人工智慧系統有用的見解，他指出：

> 即使是年幼的孩子也經常可以從一個或幾個例子中，推斷出一種新的因果關係，他們甚至不需要看到足夠的數據以發現統計上的顯著相關性。想想你第一次看到智慧手機，無論那是 iPhone 還是其他帶有觸控螢幕的設備，你看到有人用手指在小玻璃面板上滑動，突然有東西亮起來或移動。你以前從未見過這樣的東西，但你只需要看一次或是幾次，你就會明白存在著這種新的因果關係，然後，這只是你學習如何控制它並達到各種有利結果的第一步。[174]

理解因果關係對於想像力與產生使我們能夠解決問題的心理反事實（mental counterfactual）上有著舉足輕重的重要性。我們和弄清楚如何成功之前需要失敗幾千次的強化學習演算法不同，我們可以在頭腦中有某種模擬，並探索替代的行動方案的可能結果。如果沒有對因果關係的直覺把握，這就不可能發生。

珀爾和特南包姆等研究人員認為，對因果關係的理解——基本上就是提出與回答「為什麼？」的能力，將是打造更通用的機器智慧的基本要素。珀爾在因果關係方面的成果對自然科學和社會科學產生了巨大影響，但他認為人工智慧研究人員在很大程度上未能抓到重點，而且他們往往過於聚焦在機器學習系統能夠有效地識別的相關性上。然而，這種情況正在發生改變。例如，約書亞・班吉歐和他的團隊最近發表了重要的研究，內容是關於以創新的方式在深度學習系統中建立對因果關係的理解。[175]

## ● 遷移式學習（Transfer Learning）

格雷厄姆・艾利森（Graham Allison）是政治學家兼哈佛大學的教授，他以創造「修昔底德陷阱」（Thucydides's Trap）一詞而聞名。這個詞引用自希臘歷史學家修昔底德（Thucydides）的《伯羅奔尼撒戰爭史》（*History of the Peloponnesian War*），在書中記載了公元前五世紀斯巴達和新崛起的雅典之間的衝突。格雷厄姆認為，斯巴達和雅典之間的戰爭代表了一種至今仍然適用的歷史法則。在他 2017 年出版的《注定一戰？中美能否避免修昔底德陷阱》（*Destined for War*）一書中，他認為美國和中國陷入了當代的修昔底德陷阱，隨著中國的實力和影響力不斷提升，衝突將不可避免。

　　人工智慧系統能否讀取像《伯羅奔尼撒戰爭史》這樣的歷史文件，然後成功地將其學到的知識應用於當代地緣政治的局勢？做到這件事，將會實現通用人工智慧道路上最重要的里程碑之一：遷移式學習。這種在一個領域學到某項資訊後在其他領域成功利用該資訊的能力，不僅是人類智慧的指標性能力，更是創造力和創新的關鍵。如果要讓更通用的機器智慧真正發揮功用，它必須做到比單純回答章節末尾的問題更多的事，它將需要能夠應用所學到的知識與所發展出的任何見解，以面對全新的挑戰。在人工智慧系統有任何希望實現這個目標之前，它需要大幅超越目前在深度神經網路中連結的膚淺理解，並達到真正的理解力。事實上，在各種領域和新的情況下應用知識的能力，可能是真正測試機器智慧理解能力的最佳方法。

## 達到人類水準的人工智慧之路

　　幾乎所有與我談過的人工智慧研究人員都相信人類程度的人工智慧是可以實現的，而且總有一天是不可避免的。在我看來，這似乎是合理的。畢竟，人腦從根本上來看就是一個生物機器。我們沒有理由相信，生物智慧有什麼神奇之處，或者某個廣泛可相比擬的東西，有生之年不可能在完全不同的媒介上實例化。

事實上，與為人類大腦提供動力的生物濕體（wetware）*相比，矽元件基底似乎具有許多優勢。電子信號在電腦晶片中的傳播速度比在大腦中的傳播速度快得多，任何有朝一日能與我們的推理和交流能力相提並論的機器，都將繼續享有電腦目前贏過我們的所有優勢。機器智慧的優勢是，即使是發生在遙遠過去的事件，機器智慧仍可以有完美的記憶，而且能夠以驚人的速度運作、篩選和搜尋大量數據；它也可以直接連上互聯網或其他網路，並利用幾乎無限的資源；它還能在掌握與我們的對話的同時，毫不費力地與其他機器交談。換句話說，人類等級的人工智慧，從一開始就在很多方面優於我們。

儘管大家有著幾乎普遍性的信念，認為總有一天會到達這個目的地，但將帶我們到達目的地的路線以及到達的時間仍然籠罩在深深的不確定性之中。截至目前為止的進展主要是漸進式的。例如，在 2017 年底，DeepMind 發布了 AlphaZero，這是對下圍棋系統 AlphaGo 的更新。AlphaZero 省去仰賴人類進行的數千場圍棋比賽的數據監督學習的需求，基本上是從空白棋盤開始，純粹在與自己對戰的模擬遊戲的基礎上，學習以超人般的水準進行比賽。這套系統還能接受其他挑戰的訓練，包括西洋棋和日本遊戲將棋。AlphaZero 很快證明了它是地球上最頂尖的國際下棋的存在單位，它擊敗了最厲害的專門下棋的演算法，

---

* 一種生物系統，通常比喻人類大腦和神經系統。

而當然，這些專門下棋的演算法已經能夠輕鬆擊敗最有能力的人類棋手。德米斯·哈薩比斯告訴我，AlphaZero 可能代表了「資訊完整」（information complete）遊戲的通用解決方案，也就是說，在這類挑戰中，你需要的所有資訊都以像是棋盤上的遊戲棋子或螢幕上的像素那樣，隨時可取用。

當然，我們生活的現實世界完全不是資訊完整的狀態。幾乎所有我們有朝一日希望可以利用先進人工智慧最重要的領域，都需要能夠在不確定性下運作以及處理大量資訊不透明或根本無法獲得的情況。2019 年 1 月，DeepMind 發布 AlphaStar 系統，再次展示了該公司的進展，這套系統的設計以玩戰略電玩遊戲《星海爭霸》（StarCraft）為主。《星海爭霸》的內容是模擬三個不同的外星物種之間的銀河資源爭奪，每一個物種都由線上玩家即時控制。《星海爭霸》不是一個資訊完整的遊戲，玩家需要「偵察」才能發掘對手行動的隱藏訊息。這個遊戲還需要對廣闊的遊戲空間中的資源，做長期的規劃與管理。DeepMind 團隊另一項領先業界的成果，便是在 2018 年 12 月 AlphaStar 進行的一場比賽中，以 5 比 0 的分數擊敗了一名頂尖的職業《星海爭霸》遊戲玩家。[176]

雖然這些成就令人印象深刻，但它們仍然無法克服將當今人工智慧系統局限在高度特定且狹隘之領域的這項主要限制。例如，AlphaStar 必須接受大量的訓練，使用監督和強化學習技術，才能扮演特定的外星物種角色。若切換到具備不同相對優

勢的不同物種，就需要從頭開始重新訓練。同樣地，AlphaZero
可以輕鬆達到領先全世界的西洋棋或將棋能力，但如果沒有經
過重新訓練，該系統將無法在西洋跳棋比賽中擊敗某位孩童。
即使是人工智慧研究最具前瞻性、最強大的系統，仍然是膚淺
與脆弱的。艾倫研究所的奧倫・埃茲奧尼喜歡指出，這些系統
中的任何一個系統，在得知房間著火後都還是會繼續不受干擾
地玩遊戲。它們不具備常理知識，沒有真正的理解力。

　　那麼，克服這些限制並成功打造出真正會思考的機器，需
要多長的時間？我在完成《智慧締造者》一書所記錄的那些訪
談時，也針對人工智慧領域的頂尖人才做了非正式的調查。我
請與我對談過的 23 個人都提供其對通用人工智慧將達到超過
50％進展的年份預測。大多數參與者要求對他們的預測保持匿
名。有 5 位與我談過的研究人員完全拒絕做預測，他們指出，
人類程度的人工智慧之路有非常高的不確定性，且有未知數量
的具體挑戰仍需要克服。雖然如此，世界上最重要的人工智慧
專家中，有 18 位確實給了我他們的最佳預測，我認為下表顯示
的結果非常有趣。[177]

| 實現通用人工智慧的年份 | 距離 2021 幾年 | 猜測的次數 |
|:---:|:---:|:---:|
| 2029 | 8 | 1（庫茲維爾） |
| 2036 | 15 | 1 |
| 2038 | 17 | 1 |
| 2040 | 19 | 1 |
| 2068 | 47 | 3 |
| 2080 | 59 | 1 |
| 2088 | 67 | 1 |
| 2098 | 77 | 2 |
| 2118 | 97 | 3 |
| 2168 | 147 | 2 |
| 2188 | 167 | 1 |
| 2200 | 179 | 1（布魯克斯） |

　　由於這些猜測是在 2018 年做的，因此尾數是「8」的年份占了多數。例如，對 2038 年的預測實際上是對「從現在起二十年」的預測。我強烈懷疑，如果我今天請同樣的人再次猜測，我會得到只是將這些數字加上三年左右，但基本上相同的預測。這確實會讓人擔心，要達到通用人工智慧的目標可能會落入物理學家常講的核融合老笑話的狀況：「答案永遠是在未來的三十年後。」

　　平均的猜測年份是 2099 年，也就是從現在算起大約八十年

後。*這些預測範圍恰巧落在兩位願意留下記錄的人士之間。我
們可以看到，雷蒙·庫茲維爾仍然堅信人類等級的人工智慧將
在 2029 年出現，距離現在只剩七年的時間。羅德尼·布魯克斯
是 iRobot 公司的聯合創辦人，被普遍認為是世界上最重要的機
器人專家，他認為通用人工智慧的到來還需要將近一百八十年
的時間。此外，這些預測之間有著巨大的落差，有幾位研究人
員預估將在十年或二十年內達到人類程度的人工智慧，其他人
則認為可能需要幾個世紀，我認為這生動地說明了人工智慧的
未來是多麼不可預測。

\* \* \*

我認為，打造媲美人類程度的人工智慧的這項探索，是人
工智慧領域最引人入勝的話題。有一天，這很可能會造成人類
最重要且最具破壞性的創新。然而，與此同時，人工智慧作為
一種實用工具的應用仍相對狹隘，並且在許多方面都非常有局
限性。可以肯定的是，隨著這個領域最前瞻的研究不斷被吸收，
旨在解決現實世界問題的人工智慧系統也將不斷升級。但在可
預見的未來，這項新技術的力量將不會是由單一的、高度靈活

---

* 與其他調查相比，這項調查的結果平均上是悲觀的。其他調查的對象包括更大量
　的、具備不同程度經驗的人工智慧研究人員，且通常發生在人工智慧的論壇上。
　大多數調查的結果預測出現通用人工智慧的時間點，有 50％ 的可能性會分布在
　2040 年到 2050 年之間。詳細請見 https://aiimpacts.org/ai-timeline-surveys/.

的機器智慧所提供，而是會展現在特定應用程式的爆炸式成長上，這些應用程式已經開始擴展到工業、經濟、社會甚至文化的幾乎所有面向。

毫無疑問，人工智慧有可能帶來長遠的益處，尤其是在醫療保健、科學研究和廣泛的技術創新等關鍵領域。但是這項技術還有另外一面。人工智慧即將到來的同時，將會伴隨著前所未見的挑戰和危險，對就業和經濟、個人隱私和安全，甚至最終可能對我們的民主制度甚至文明本身都會帶來衝擊。這些風險將是接下來三個章節的主要重點。

第六章

# 消失的工作與人工智慧造成的經濟衝擊

在我 2015 年出版的《被科技威脅的未來》一書中，我認為人工智慧和機器人科技的進步，最終會摧毀大量通常是例行性與可預測性的工作，這可能會導致不平等加劇以及結構性的失業問題。當我在 2020 年 1 月開始撰寫這本書時，我認為在本章中擺在我面前的主要任務，是在從面臨二次世界大戰以來最長的經濟復甦與約 3.6％的總體失業率的情況下，捍衛我的論點。

不用說，冠狀病毒大流行以及隨之而來的美國和全球經濟停擺，已讓我們進入一個全新的經濟現實。儘管如此，我相信我在危機出現之前就計畫提出的論點，仍然是非常中肯的。即使在失業率處於歷史上新低的時期，我相信我在《被科技威脅的未來》一書中所探討的趨勢仍然在發揮作用，並且在當前危機之前的幾年內，經濟指標顯示出的相對繁榮，至少在某種程度上是一種幻覺。在疫情大流行過後，在我們期待從當前的經濟災難中復甦的同時，工作自動化程度提升的趨勢很可能會放大，並可能產生巨大的衝擊。

請你想像一下，你是 1965 年的美國經濟學家。當你盯著美國的經濟和就業市場時，你會看到大約 97％年齡在 25 到 54 歲間的男性，也就是年齡已經完成學業，但要退休還太年輕的男性，可能都是已經受僱亦或是正在積極尋找工作。這對你來說似乎是完全預料之中且正常的事情。現在，假設一個來自未來的時間旅行者出現並告訴你，在 2019 年，只有大約 89％介於核心工作年齡的男性在勞動力市場，然後到 2050 年，這個年齡區間的美國男性完全被剝奪就業市場權利的人很可能會增加到四分之一甚至三分之一。[178]

你可能理所當然地會覺得這很令人憂慮。也許在你的腦海中甚至會浮現「大規模失業」這個字眼。你一定會想知道那些沒有工作的男人都在做什麼。但現在時間旅行者告訴你，政府所公布的 2019 年總體失業率遠低於 4％，利率則低於 1965 年的水平。時間旅行者指出，這兩項指標都接近歷史低點。此外，他告訴你，美國聯準會並沒有計畫要升息，而是暗示可能會進一步降低利率以振興經濟。

對於 20 世紀中後期的經濟學家來說，所有這些事情可能都令人驚訝與困惑。我們將在本章中看到，美國以及許多其他已發展國家的經濟和就業市場現在的運作方式，似乎違背了許多曾經因經驗法則而被堅實支持著的規則與假設。

在《被科技威脅的未來》，我提出的論點是這些變化主要是被資訊科技的加速進步推動。一長串的關鍵創新都已經在我們身後，包括先進工廠自動化、個人電腦革命、網際網路、雲端運算和行動科技的興起，而由此產生的變革已經持續了幾十年。然而，最重要的科技影響仍然存在於未來。人工智慧的興起有可能會以比我們過去見過的任何事情都更具戲劇性且從根本上造成衝擊的方式，顛覆就業市場和我們的整體經濟體系。

由於我們身處於即將到來的顛覆的最前線，我們有充分的理由感到擔憂。過去十年、二十年發生的轉變，可以說在難以想像的政治動盪中扮演重要的角色並撕裂了社會結構。例如，研究顯示，美國最容易受到工作自動化影響的地區，與在 2016 年總統大選中強烈支持唐納·川普的投票民眾，存在直接的相關性。[179] 而在冠狀病毒大流行顛覆了我們的生活之前，人們更關注另一場摧毀美國的健康危機，在這場危機中，中產階級大量失業的地區，往往是鴉片類藥物流行的第一線。[180] 如果我們迄今為止看到的變化和可能發生的變化相比顯得微不足道，未來就存在著前所未有的社會和經濟被大規模破壞的真實風險；與此同時，更具危險性的政治煽動者將崛起，在這種快速變化的局勢必然會伴隨的恐懼之中，他們將會茁壯成長。

現實情況是，就其經濟影響而言，人工智慧將是一把雙面刃。一方面，它可能會提高生產力，讓產品與服務變得更實惠，並讓有助於所有人生活更美好的創新得以實現。人工智慧具有創造經濟價值的潛力，當我們希望將自己此刻所陷入的龐大經濟困境中拉出來時，人工智慧有其必要性。另一方面，人工智慧幾乎確定會消滅或降低數百萬個工作的技術需求，同時加劇經濟不平等的狀況。除了失業和越來越嚴重的不平等帶來的社會與政治影響之外，還有另一項重要的經濟後果：一個充滿活力的市場經濟，仰賴有能力購買生產中的產品與提供的服務的大量消費者，如果沒有工作也沒有收入，這些消費者將如何創造推動經濟持續成長所需的需求？

## 人工智慧和工作自動化：這次會不一樣嗎？

對機器有一天會取代人力並導致長期結構性失業的擔憂由來已久，至少可以追溯到兩百多年前在英格蘭諾丁漢發生的盧德運動。在此後的幾十年裡，警報一次又一次地響起。例如，在 1950 年代和 1960 年代時大家都非常擔心，工業自動化很快將會取代數百萬個工廠的工作崗位，從而造成大量失業。然而，迄今為止的歷史顯示，經濟通常會透過創造新的就業機會來因應進步的科技，而這些新工作通常需要更專業的技能並支付更好的薪資。

科技導致失業在歷史上最極端的其中一個案例，與美國農業機械化有關，這也是那些質疑科技導致的失業是否會帶來問題的人經常引用的研究案例。在 1800 年代後期，在美國大約有一半的人從事農業。在今日，這個數字在 1％到 2％之間。拖拉機、聯合收割機和其他農業科技的出現，不可逆轉地讓數百萬個工作蒸發了。這樣的變化確實造成了大量短期至中期的失業。然而，隨著流離失所的農場工人被迫遷徙到城市尋找工廠的工

作，這些失業人口最後被不斷成長的製造業所吸收，而且長遠
來說，平均工資和整體經濟的繁榮程度都快速提升了。後來，
工廠自動化或移至海外，工人再次轉型，這次轉向服務業。今
天，有近 80％的美國勞動力都受僱於服務產業。

　　關鍵的問題是，人工智慧衝擊造成的就業市場瓦解是否會
導致類似的結果。人工智慧只是和改變農業的農業科技一樣，
是另一個省時省力的創新的案例嗎？或者，人工智慧根本是不
同的情況？我的論點一直都是人工智慧確實是不同的，原因就
在本書的核心論點之中：人工智慧是一種系統性且通用的技術，
卻與電力有所不同，因此它最終將擴展並侵入我們經濟和社會
的各個層面。

　　從歷史上看，破壞式創新科技往往會逐一影響勞動力市場
的各個領域。農業機械化摧毀了數百萬計的工作，但新興的製
造業最終卻足以吸納這些勞工。同樣地，隨著製造業自動化和
工廠外移到低工資國家，快速成長的服務業為流離失所的工人
提供了機會。相比之下，人工智慧會同時對經濟的每一個領域
都或多或少造成影響。最重要的是，這將包括服務業和白領階
級工作，這些工作代表了美國現在絕大多數的勞動力。人工智
慧的觸角最終將伸入並改變幾乎所有現有的產業，而未來出現
的任何新產業很可能從一開始就融入最新的人工智慧和機器人
創新。換句話說，似乎不太可能突然出現一些需要數千萬個新
工作崗位的全新產業，能夠吸收現有產業中因自動化而被迫轉

職的所有勞工。相反地，未來的產業將建立在數據科技、數據科學與人工智慧的基礎上，因此根本無法創造大量的就業機會。

第二點和勞工從事的工作活動的性質有關。我們可以合理地預估，大約有一半的勞動力從事的工作是本質上具備例行性與可預測性的職業。[181] 我在這裡的意思不是指需要「死記硬背」的工作，而是指這些勞工往往一次又一次地面臨相同的基本任務和挑戰。換句話說，這些工作的本質，或者至少是組成這些工作的大部分任務，基本上都可以被概括在反映了勞工隨著時間的推移所做的事情的歷史數據中。這些數據最終將為機器學習演算法提供豐富的資源，幫助演算法找出如何自動化這些工作中的許多任務。換句話說，我們面臨著一個幾乎所有具備例行性與可預測性的工作最終都會消失的未來，對於最適合此類工作的勞工來說，這可能會是一個特別困難的挑戰。

在整個 20 世紀，省時省力的先進科技驅使勞工轉換到不同的經濟領域，但在大多數情況下，他們都是繼續從事大量例行性的工作。想像一下從 1900 年的農場工人到 1950 年的工廠流水線工人，再到今天沃爾瑪超市掃描條碼的收銀員，這當中所經歷的轉變。這些都是在完全不同的領域中非常相異的工作，但大部分都是由例行性與可預測性的工作任務所組成。這一次，在新的產業領域並不會有大量的日常例行性工作來容納失去工作的勞工。取而代之的是，勞工將面臨完全不同的工作狀況，從根本上轉換到非常規性的工作，而且這些工作可能經常需要

一些特質，例如有效地與他人建立關係的能力，或是執行非例
行性分析或創造性工作的能力。假設這類新型工作的職缺數量
足夠，某些勞工將成功轉換跑道，但是許多其他勞工則很可能
會陷入困境。

　　換句話說，我認為我們面臨的情境是，在就業市場中有很
大一部分的勞動力，最終都有權利被剝奪的風險。但是，有證
據顯示這樣的事情已經發生了嗎？畢竟，在冠狀病毒大流行發
生之前，失業率遠低於 4%。

### • 新冠肺炎大流行之前的故事

　　從 2009 年經濟大蕭條結束至 2020 年 1 月的十年間，是有
記錄以來最長的戰後經濟復甦，失業率從 10% 降至 3.6%，這
低於過去五十年的任何歷史數據。[182] 然而，重要的警訊是，這
個總體失業率的數據，是根據美國普查局所進行的家庭調查而
來的，它僅包括積極求職的勞工。任何想找工作但心灰意冷而
放棄的人，或者相信他們有意願從事的工作不會釋出職缺的人，
都不算在失業統計內。

　　查看勞動力參與率對於深入了解完全脫離勞動力的人數很
有幫助，而這其中所透露的故事遠沒有總體失業率那麼樂觀。

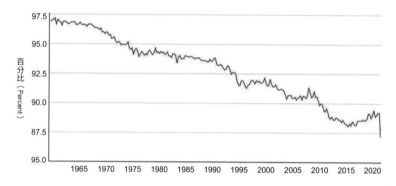

**圖 1：25 ～ 54 歲男性的勞動力參與率 [183]**

　　如圖 1 所示，介於主要工作年齡的壯年男性，從事工作或積極求職的比例，從 1965 年的約 97％下降到在 2014 年的最低點 88％，然後在 2020 年 1 月略為回升至約 89％。在這段期間，完全從就業市場脫離的人的比率幾乎增加至原本的四倍。對於退出就業市場的男性而言，他們眼前的目標似乎是社會保障殘疾福利（Social Security Disability Program），這項計畫在 2007 年至 2010 年間出現了大量的申請。[184] 鑑於沒有證據顯示那時職災受傷盛行，這項計畫似乎很可能被那些找不到適合的就業市場機會的勞工視為最後的收入手段。雖然這對男性勞動力參與的影響最為顯著，但總體統計數據顯示，自世紀交替以來的二十年裡，狀況都大致相同。

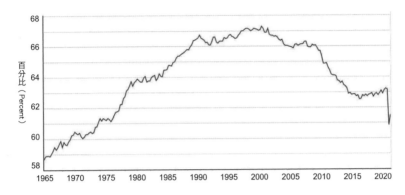

**圖2：整體勞動力參與率 185**

　　圖2顯示了所有18到64歲勞工的勞動力參與率，這包括男性與女性。到2000年，參與率的上升反映了有更多女性進入勞動力市場。然而，過了這個高峰後，隨著男性和女性勞工都退出勞動力市場，走勢就一直在下降。也就是說，即使失業率降至歷史低點，有越來越多完全脫離就業市場的勞工，在很大程度上仍然是被忽視的，因為整體的故事敘述指向就業市場正在蓬勃發展。雖然科技變革一定不是在這之中唯一影響的因素，但工廠和辦公室裡面高薪的例行性工作持續地自動化可能發揮了重要的作用。

　　第二個重要的趨勢和生產力與工資脫鉤以及不斷加劇的不平等現象有關。勞動生產率（labor productivity）是衡量勞工績效的指標，等於總經濟產出除以產生該產出所需的勞動小時數。生產率可能是最重要的經濟指標。高生產率是區分富裕、發達國家和貧窮國家的一項決定性特徵。隨著在工作場所使用的科技的進步,以及勞工的教育和健康等其他因素的改善,勞工的生產力也會得到提升,而不斷提升的勞動力應該會讓勞工獲得更高的工資,基本上是把錢存入絕大多數勞工的口袋,而這正是驅動國家持續繁榮的關鍵。至少標準的經濟論述是這樣的。

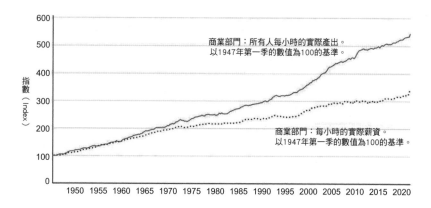

**圖 3:生產力 vs. 薪資 [186]**

然而,如圖 3 所示,至少自 1970 年代以來,勞工的薪酬都未能跟上生產力的提升,兩條線之間的鴻溝不斷擴大。結果是,幾乎所有從科技進步和生產力提升中獲得的收益,現在都被位於收入金字塔頂端的一小部分人所掌握。換句話說,企業主、管理者、超級明星員工和投資者都因進步的果實而獲益,而普通勞工幾乎是一無所獲。值得注意的是,這張圖反映了商業部門所有勞工的薪酬,這也包括高階管理者、超級明星運動員和演藝人員，以及其他高薪的工作者。如果這張圖僅反映占美國勞動力 80％ 左右的非管理層級人員的平均水平，那麼生產力和薪酬之間的差距會更大。

我認為，這兩條線之間不斷擴大的落差，至少有部分原因是因為在工作場所中使用的機器與科技的性質不斷在變化。在二戰後美國的「黃金時代」時期，圖中的兩條線緊密貼合在一起，而且在工作場所使用的機器很明顯是透過勞工所操作的工具，隨著工具改進，勞工的生產量增加，他們就變得更有價值。然而，隨著接下來幾十年科技不斷進步，工作場所中使用的許多機器逐漸變得更自動化，科技也從補足勞力的不足變得越來越能夠直接替代勞力。換句話說，科技正在使越來越多勞工變得更沒有價值，而不是更有價值。這反過來又讓勞工變得更可被取代，降低了他們薪資談判的能力，並在生產力繼續提高的情況下，造成勞工的薪酬被壓低。

生產力和薪資的關聯性脫鉤直接造成收入不平等加劇。隨著技術取代勞動力，或是降低勞動力的價值，更多的商業利潤被資方掌握。在過去的二十年裡，美國以及其他許多已開發國家都發現勞動力在國民收入中所分到的收入下降。由於資本的所有權高度集中在富人手中，收入從勞動力轉而分配給資本，等於從多數人轉而分配給少數人，這讓收入不平等的狀況更加嚴重。在美國，這一趨勢尤為嚴重，吉尼係數的上升就生動地證明了這一趨勢。吉尼係數是衡量財富集中程度的指標。在吉尼係數值為零的極端狀態時，就代表一個國家的每個人都分配到同樣的財富。吉尼係數值為 100 則代表著某個人擁有了整個國家的財富。實際的數值通常介於 20 到 50 之間，數字越大表示不平等的程度越嚴重。在美國，吉尼係數從 1986 年的 37.5 上升到 2016 年的 41.4，高於之前的任何記錄。[187]

收入不平等上揚的軌跡，有部分是由於在美國國內所提供的工作品質普遍下降所導致的。近幾十年來，美國所創造的就業機會有越來越多的比重是服務業的低薪工作，包括零售、食品製備與服務、保全、辦公室與旅館的清潔工和警衛，這些工作收入微薄，幾乎沒有福利，而且通常不是全職工作，工時相當不穩定。零工經濟的興起進一步強化了這股趨勢，在零工經濟中，勞工根據任務完成的狀況獲得相應的報酬，幾乎沒有預期收入的保證，也很少或沒有其他勞工所具備的法律保障。布魯金斯學會 2019 年 11 月的一份報告發現，在美國有 44％的勞動力都從事低薪工作，平均年收入約為 1 萬 8 千美元。[188]

有一組研究人員在 2019 年制定了一項新的經濟指標，這讓美國勞工可從事的工作的性質變化尤為清楚。美國民營部門工作品質指數（U.S. Private Sector Job Quality Index）衡量的是良好品質工作（定義為收入高於平均水平的工作）與低品質工作（收入低於平均水平的工作）的比率。[189] 當指數值為 100 時，表示良好品質和低品質工作的數量相等，數值低於 100 則代表在就業環境中的工作以低品質的工作為主。從 1990 年到 2019 年底的三十年間，這項指數從 95 跌至 81。[190] 這股下降走勢可能與工廠和辦公室等環境中大部分例行性但高薪的工作消失密切相關。這些工作曾經是美國中產階級的支柱，如今卻被科技和全球化無情地摧毀。

當然，經濟也創造出需要更專業的技能且薪水也更高的工作，但近四分之三缺乏四年大學學位的美國勞工很難獲得這些工作。即使在大學畢業生中，就業不足也是一個嚴重且日益擴大的問題。大學畢業生在咖啡廳擔任服務生或在速食店任職的同時被龐大的學貸壓垮的故事太常見了。紐約聯邦儲備銀行在 2020 年 2 月發布的數據顯示，有整整 41％ 的應屆大學畢業生都從事不需要大學學位的工作。對於整體大學畢業生來說，就業不足的比率是三分之一。整體經濟的總體失業率只有 3.6％，但 22 至 27 歲的近期大學畢業生的失業率卻超過 6％。[191] 換句話說，即使傳統的觀點認為我們需要更重視教育並擴大大學招生，但是經濟體系根本沒有創造出數量足夠的、需要技術的工作機會來吸收已經走出校門的畢業生。

收入不平等加劇和工作品質的下降，不只對直接受到衝擊的個人來說是壞消息。它們也破壞了推動我們達到持續的經濟活力所需的市場需求。在美國，有大約 70％ 的經濟與個人的消費支出直接相關。然而，就算是這個數值也還是低估了消費者需求的重要性，因為商業投資也與消費者需求相關。例如，想想波音公司生產的飛機，飛機當然不是消費產品，但是只有在航空公司反過來預測消費者對機票的需求時，飛機才會被航空公司購買。當然，這種經濟依賴已因冠狀病毒危機的影響而明顯減輕。

工作是將購買力賦予到消費者手中的主要機制。隨著收入分配變得更加不平均，大多數的勞工與消費者的可支配收入越來越少。在過去的幾十年裡，少數富人的收入急速增加，但這一小部分人口根本不能也不會支出到足以彌補在收入分配中分配到較少收入的人可支配收入損失的規模。換言之，消費者對產品和服務的普遍需求正在逐漸被侵蝕，但這本該是帶動經濟成長的關鍵。

消費者需求疲軟也可從失業與通貨膨脹之間原本正常的關係的崩壞中看到證據。1958 年，經濟學家威廉·菲利普（William Phillips）提出，失業和通貨膨脹之間往往存在著一種權衡。隨著失業率下降，通貨膨脹率就會上升。當我在大學學習經濟學時，這種被稱為菲利普曲線（Phillips Curve）的反向關係，是經濟學所教授的其中一項基礎原則。然而，自 2009 年經濟大衰退（Great Recession）結束以來的幾年裡，這種關係已經崩壞，現在的低失業率，與非常低的通貨膨脹率以及低利率並存。[192] 我認為，造成這種情況的一項重要因素是，失業率下降不再與足以造成通貨膨脹的工資或消費需求成長相關聯。隨著科技的進步和全球化的發展，大多數普通勞工談判要求高薪的能力已被削弱，從而使消費者獲得購買力並推動需求成長的機制變得越來越失效。

　　此外，從美國大型公司一直持有大量現金，但其中大部分用來投資利率處於歷史低點的美國國債這一點，也能看出消費者需求疲軟。截至 2018 年底，美國企業的總資產約為 2.7 兆美元。[193] 如果經營這些公司的高管看到商品和服務需求旺盛的證據，他們為什麼不將更多的資金投入到開發新產品或提高產量，以滿足不斷成長的需求呢？即使失業率降至 4% 以下，因為需求未能強勁地成長，在此情況下的美國經濟只能達到中等成長，並且變得非常依賴美聯儲將利率維持在異常低的水平。

　　消費者需求不溫不火的另一項重要影響，是它會削弱生產力的成長。對人工智慧與機器人科技帶給就業市場的影響持懷疑態度的經濟學家很快就指出，如果機器確實在快速替代勞動力，我們應該會看到勞動生產率飆升，因為剩餘的工人也更努力產出更多的產能。由於沒有出現生產力急速成長的情況，因此經濟學家們都撇開機器人搶走工作的擔憂不談。這種主張的問題在於產能完全取決於需求。除非有客戶準備為該產品或服務付費，否則任何企業都不會繼續生產商品或提供服務。[194] 想像一下，有一位勞工的工作是理髮。這位勞工的生產力可以根據每小時理了幾位顧客的頭髮來衡量。有很多事情都會影響到他的生產率。他是否有良好的訓練和高品質的工具設備？是否有穩定的電力供應來讓這些設備維持運作？經濟學家更傾向於將焦點放在這些事情上。然而，還有其他絕對關鍵的因素：來理髮的顧客數量。如果有很長的顧客人潮，生產力就會很高。如果只是偶爾有客戶誤打誤撞走進來，無論這位勞工的訓練有多專業或理髮設備有多高科技，生產力都會很低。

　　生產力成長受需求限制的概念，源自於我和麥肯錫全球研究院（McKinsey Global Institute，MGI）的董事長詹姆斯・曼尼卡（James Manyika）的談話。麥肯錫全球研究院做了很多重要的研究，都是和科技對企業和經濟造成的影響有關。

　　曼尼卡的解釋是：

　　我們也知道需求的關鍵作用，包括麥肯錫全球研究院的經濟學家在內的大多數經濟學家，卻經常探討生產力的供給方的影響，而不是需求方。我們知道，當你的需求大幅放緩時，無論你的生產效率是否盡可能地發揮最大效能，評估生產力的結果都不會是好的。這是因為生產力的評估會有一個分子與一個分母：分子是增值產能的成長，這需要產出被需求所吸收。因此，如果出於某種原因導致需求停滯，就會損害產出的成長，從而降低生產率的成長，無論科技有多進步都是如此。[195]

　　最重要的是，在冠狀病毒大流行之前的幾年裡，美國經濟的基本狀況有點像是一輛閃亮、新漆好顏色的汽車，但是在引擎蓋之下卻存在著嚴重的問題。失業率的數字看起來很不錯，但是有越來越多的人口完全被遺落在後方。不平等的現象極速加劇，而大多數的勞工都沒有參與到科技進步而帶來的繁榮。
隨著不平等的狀況越來越嚴重，推動消費者需求的收入分配機
制正在瓦解，這反過來又會破壞經濟成長，並抑制生產力的持
續成長，而生產力的持續成長卻是未來繁榮的關鍵。新冠肺炎
大流行澈底改變了一切，使我們陷入前所未有的經濟危機，但
所有這些趨勢仍然存在，讓我們要從目前的困境中復甦變得更
具挑戰性。

## 後新冠肺炎時期與復甦

　　新冠肺炎大流行引發了一場猛烈且前所未見的全球經濟危
機。在美國和世界各國，有數以百萬計的工作幾乎在一夜之間
消失，許多產業幾乎是完全停擺，經濟陷入自 1930 年代經濟大
蕭條（Great Depression）以來最嚴重的衰退。至 2020 年 12 月
時，失業率接近 7％，而所有跡象都顯示，當疫苗的廣泛施打
在 2021 年中左右的某個時間點開始使趨勢的曲線彎曲之前，狀
況很可能會變更糟。美國對疫情大流行糟糕的控管導致病毒大
規模捲土重來，截至 2021 年 1 月，美國國內曾經有一天內超過
四千例因新冠肺炎而死亡的記錄。隨著住院人數激增，美國各
州和地方政府再次迫使企業關閉，而在英國與許多歐洲的國家
也面臨全國再次封鎖。換句話說，即使至少有兩種有效的疫苗
問世，這些危機對經濟的衝擊似乎仍將持續一段時間。

　　現實的情況是，所有這些現象都成為了劇烈改變所需的肥沃土壤，讓自動化和科技對就業市場造成更大規模的影響。過去的歷史顯示，絕大多數因採用節省勞動力的科技而導致的失業，往往是集中在經濟衰退的時期。例行性工作受到的打擊尤其嚴重，這在很大程度上也解釋了中產階級穩定工作的消失，這些工作最終被服務業中不太理想且工資較低的工作機會所取代。事實上，經濟學家尼爾・傑默維奇（Nir Jaimovich）與亨利蕭（Henry E. Siu）研究了此現象，並在 2018 年的一篇論文中指出：「基本上，所有例行性工作的失業，都發生在經濟衰退的時期。」[196] 目前似乎正在發生的事情是企業在經濟壓力下裁員，但隨著經濟繼續衰退，他們採用新的技術並重新規劃工作場域，然後他們找到方法，得以在經濟復甦時無須再次聘用他們過去認為對營運扮演關鍵角色的大部分或所有勞工。當前經濟低迷的程度顯示出大多數企業都將面臨提升效率的龐大壓力，而且危機持續的時間越長，他們將有更多時間將新技術（包括人工智慧的最新應用）納入到他們的商業模式中。

　　除了單純因為經濟動力採用新技術之外，當前的疫情危機還具有其獨特性，因為它又增加了將工作環境轉型成自動化程度更高的環境的動力。我們在第三章（38 頁）中探討過，維持社交距離的需求已大幅地推動了機器人技術在各個領域的應用。例如，在幾百個、幾千個工人幾乎肩並肩地工作的環境下，美國和其他地方的肉類包裝廠一次又一次地成為疫情傳染的主要連結。在這樣的環境中，無法避免地將採用更多自動化作為降低工人集中程度的方法。[197] 雖然這是極端的例子，但幾乎在所有其他類型的工作環境，包括工廠、倉庫、零售店、辦公室，情況也是如此。用機器人或智慧演算法來取代勞工可以直接減少近距離接觸的人數。需要面對客戶的服務業公司很可能會察覺最大限度減少人際互動是一項行銷優勢，儘管幾個月前這種互動還被視為正面的因素。事實上，這項趨勢正在發揮作用：2020 年 7 月，速食連鎖店白色城堡（White Castle）宣布將開始部署漢堡烹飪機器人，以創造「在烹飪過程中減少人類與食物接觸的途徑，因此減少病原體透過食物傳播的可能性。」[198] 這些因素的長期影響力在某種程度上取決於這場危機持續的時間。然而，在撰寫本書的此時，這種情況似乎會持續足夠長的時間，以至於因疫情大流行而出現的某些行為變化和客戶偏好中，至少有一些將會變得根深蒂固，甚至可能會是永久性的改變。

　　人工智慧對職場的影響，不會只是機器人竊取工作這種直接的論述。研究顯示，在大多數情況下，新科技的應用與現有工作之間並不存在一對一的對應關係。它往往是和某項最容易受到自動化影響的特定工作任務有關，而不是對應到整個職業。麥肯錫全球研究院在 2017 年做的一項分析，提出了極具影響力的發現，在這項分析中提出，理論上而言，在全球勞工目前所執行的所有工作任務中，約有一半都已經可以使用現有的科技達到自動化。麥肯錫的分析指出,只有5％的工作面臨完全被自動化的直接風險,但「在大約60％的職業中,至少有三分之一構成這些職業的部分工作活動可以直接被自動化,這也代表所有勞工的工作環境都可能會發生重大的轉型和改變。」[199] 我們很容易理解,如果由兩三個人執行的工作中,有大部分的任務都可以自動化,那麼重新定義工作之間的界線和整併剩餘工作的可能性就很明確。經濟壓力與降低工作場所人群密度的需求,似乎很可能會為許多組織創造強大的動力,去重新思考與重組其工作環境,以善用這些還未發揮的效能,而隨著結合最新的深度學習且功能更強大的應用程式出現,這股趨勢的影響力將被放大。在大多數情況下,造成的結果將是工作機會更少,並且這些工作很可能是由具備和現在完全不同的技術組合與能力的勞工所掌握。

除了工作與工作任務的直接自動化之外,第二項重要的影響是「工作的去技能化」(de-skilling of jobs)。也就是說,新技術的採用使得曾經需要大量技能和經驗的角色,可以由幾乎沒有經過訓練的低工資勞工或在零工經濟中工作且可被替代的獨立承包商來填補。一個典型的例子是倫敦有名的「黑色計程車」司機的經歷。取得駕駛這種計程車的執照,在傳統上需要完全記住城市中絕大多數街道,這是一個被稱為取得「知識大全」(The Knowledge)的辛苦過程。由於所需的記憶非常龐大,倫敦大學學院的神經科學家艾連娜‧馬奎爾(Eleanor Maguire)

的一項分析發現，黑色計程車司機的海馬體，也就是與長期記憶相關的大腦區域，平均上比其他職業的勞工更大。[200] 要求想成為司機的人必須獲得「知識大全」的這種條件，在歷來都是該行業令人生畏的入門門檻，這也讓計程車司機獲得了穩定中產階級工資的保障。然而，隨著全球定位系統和智慧手機導航應用程式出現，這種情況有了很大的改變。現在，對倫敦街道一無所知但可以使用智慧手機的司機都可以直接參與市場競爭，而共乘服務與其他類似計程車的選項所造成的衝擊，對倫敦計程車司機的生計造成了巨大的負面影響。一般而言，去技能化的作法是將工作開放給具備很少或根本沒有經過訓練或經驗的人以降低工資，這會導致勞工更容易被取代，讓企業能夠承受高流動率，進而削弱勞工薪水談判的能力。隨著自動化和去技能化的擴展，我們完全有理由預期不平等將變得更嚴重，創新成果將繼續累積在位居收入分配頂端的人身上。

　　這些科技趨勢與疫情大流行的其他重要延伸性影響會產生交互作用。例如，白領勞工大規模採用遠距工作已經摧毀了圍繞著辦公大樓所聚集的商業生態圈。轉型成遠距辦公的模式在某種程度上很可能會是永久性的，舉例來說，Meta 就宣布公司的許多員工將能無限期地選擇是否要遠距工作。[201] 在這些企業曾經群聚的商業區，餐廳、酒吧和其他迎合上班族的產業的工作，可能永遠不會回到以前的水平。從事清潔與維運辦公室或保全服務工作的人也可能會受到衝擊。第二項關鍵因素是，有很大一部分規模非常小且提供這些工作的小型企業可能會破產。據說，在疫情大流行之中被迫關閉的小型企業中，有多達一半可能永遠無法重新開業。[202] 最終，這些小企業曾經占據的市場占有率，都將被規模更大、更具彈性的零售和餐飲連鎖店奪走。然而，由於這些較大的企業擁有更多的財務資源和業內的專業知識，他們將更有基礎在早期就採用節省人力的新科技。換句話說，大型企業對市場的支配將日益增加，這將直接加速服務業工作的自動化和去技能化。我們面臨的是一個非常真實的風險，所有這些力量加在一起後，對於近年來一直是主要驅動著美國創造就業機會的低薪服務業工作的重啟，將會造成大幅度的抑制作用，這也可能使得想從當前的危機中持續復甦變得更有難度。

## 即將到來的白領工作自動浪潮……
## 以及為什麼教每個人寫程式不是好的解決方案

一談到對工作自動化的恐懼，通常大家會聯想到在工廠或倉庫中辛苦工作的工業機器人。傳統的觀點認為，雖然工資較低、教育程度較低的藍領階級勞工面臨著來自科技的可怕威脅，但受過至少大學教育的知識型勞工，或者換句話說，任何工作性質以智力而非勞力為主的人，仍處於相對安全的狀態。然而現實的情況是，隨著人工智慧的進步以及被更廣泛地應用，白領階級的工作，尤其是以相對例行性的分析、操作、擷取或資訊交流為主的工作，將首當其衝被取代。

　　事實上，在許多情況下，從事資訊相關工作的白領專業人員，和從事需要在環境中執行實體操作的工作且受教育程度較低的工人相比，前者更容易被科技取代，因為這些角色的自動化並不需要使用昂貴的機器，也不需要克服機器視覺或機器人靈巧性等方面的挑戰；只要有足夠強大的軟體就能取代許多占用這些勞工工作時間的任務。再說，具備專業技能的勞工薪資通常比藍領勞工高出許多，因此砍掉白領工作的優點將進一步被放大。我們已經看到了有將近一半的應屆大學畢業生未充分就業，這在一定程度上可能是出於科技對更例行性的初階職位的影響，這些職位傳統上是通往專業職涯成功階梯的第一階。

　　雖然風險最大的仍是那些更例行性的工作，但重要的是必須意識到，可以被自動化的工作與被認為是安全的工作之間的界線肯定是動態的，而且會隨著人工智慧的持續發展不斷地改變並包含越來越多工作。在過去，以知識為主的工作的自動化，需要電腦程式設計師設計一套每個步驟都清楚的流程，並要明確說明每項行動和決策。這往往會將軟體的自動化限制在真正重複性的工作中，通常是用在一般記帳或計算應付與應收帳款等辦公室文書工作的領域。然而，機器學習的興起代表著放手讓演算法去查閱大量數據並找出人類直接感知通常沒辦法發現的模式和相互關係，基本上這讓演算法可以自己編寫電腦程式。

換句話說，機器學習的特質會讓曾經被認為是非例行性的工作轉變為現在易於自動化的活動。

我們已經看到很多的例子都是軟體自動化（通常包含機器學習）如何開始侵入各種白領階級職業的工作。在法律領域，智慧演算法現在會審查文件以確認是否需要將其納入法律發現的流程，人工智慧系統也越來越擅於做法律研究。預測性的演算法會分析歷史數據，並評估從包括最高法院審理的案件結果，到某一特定合約有朝一日可能會被違約等各種可能性。這也代表人工智慧已經開始影響會導致判斷的工作，這些工作曾經只掌握在最有經驗的律師手中。大型媒體組織也越來越依賴透過分析數據流、識別其中所包含的故事，然後自動生成敘事文本來自動化基本新聞工作的系統。《彭博社》這樣的公司使用這些系統幾乎可以立即創造出報導公司收益報告的新聞文章。隨著人工智慧處理自然語言能力的提升，幾乎任何類型的組織內部或對外溝通的日常撰寫，都將越來越容易受到自動化的影響。例如銀行和保險產業的分析工作，很可能特別容易受到所有這些改變的影響。舉例來說，富國銀行（Wells Fargo）在 2019 年的一份報告中預測，因為在未來十年內的科技進步，美國銀行產業將流失約 20 萬個工作。[203] 自動化對華爾街的影響也已經很顯而易見，曾經熙熙攘攘與混亂的交易大廳現在基本上充滿了機器運轉的柔和嗡嗡聲。到 2019 年時，主要證券交易所的工作人員只剩下一小群人，他們的地位降低到坐在交易大廳的某些區域辦公。[204] 而新冠肺炎大流行讓我們看見，隨著交易所轉型成完全電子交易，就連這一小群還保有工作的人也不再重要。

提供客戶服務或技術支援的客服中心，是另一個明顯適合被顛覆的領域。人工智慧的自然語言處理能力的快速進步，催生出可以透過語音通訊技術與線上聊天機器人自動執行更多此類工作的應用程式。這些工作已經很容易受到離岸外包的影響，然而隨著科技的進步，許多位在印度和菲律賓等低工資國家的電話客服工作正在因自動化而消失。回應顧客詢問是一項在許多方面都非常適合機器學習的任務。顧客和客服人員之間的每一次互動，都會生成一組豐富的數據，包括提出的問題、提供的答案以及這次互動是否完全解決了問題。機器學習演算法可以搜尋數以千計的此類互動數據，很快就能夠熟練地回覆那些往往會一次又一次出現的大部分客服問題。一旦系統到位，隨著越來越多的客戶來電，演算法也會變得越來越智慧。實際上有好幾十家新創公司以人工智慧的聊天機器人為核心來提供客服務自動化服務。在這當中，有許多公司將目光放在特定產業，例如醫療保健或金融服務。[205] 隨著這些科技的不斷進步，客服中心的人員配置可能會減少，因為事情最終會發展到只有與最具挑戰性的客戶互動時才需要人工客服。

編寫電腦程式碼的能力通常被視為解決技術就業市場崩壞的一種萬靈丹。那些在新聞業甚至採礦等產業失去工作的人總是被建議「學寫程式」。學寫程式的機構如雨後春筍般出現，並且有許多人提議要求電腦程式課程應該是高中甚至更小的學齡的必修課。然而，事實上，編寫電腦程式肯定也會被即將破壞其他類型的白領工作的那股力量所影響。和客服中心一樣，外包工作通常是自動化的最前沿，現在許多常規軟體的開發工作都已被外包到工資較低的國家，特別是印度。幾乎所有主要的科技公司都對自動化電腦程式編碼工具進行了大量的投資。例如，Meta 開發了一種名為 Aroma 的工具，這項工具是一種由人工智慧驅動的「自動完成」工具，利用在公共領域龐大的電腦程式數據庫進行電腦程式編碼。[206] 美國國防高等研究計畫署也資助了電腦程式碼開發、除錯與測試的自動化研究。甚至是 OpenAI 的 GPT-3，一個通用語言生成的系統，透過從網路上取得的大量文件檔案進行訓練後，也能夠完成一些例行性的程式編碼任務。[207]

最重要的是，雖然學習電腦程式編碼可能會是一項有用且帶來良好收益的事業，但獲得這項技能就可以確保獲得體面工作的日子即將結束。對於普遍而言的其他白領階級職業也是如此。隨著科技開始侵入這些受過更多教育且高薪勞工的工作，不平等可能會變得更頭重腳輕，擁有大量資本的少數精英與其他人的距離會更遠。隨著高薪的勞工受到的影響越來越大，這也將進一步削弱消費者支出和強勁經濟成長所需的潛力。然而，有一個可能的好處，那就是與在工廠或低工資服務產業工作的其他勞工相比，收入更高的知識工作者擁有更大的政治影響力，因此對白領工作的影響實際上可能有助於激發他們支持因應就業市場發生的破壞性創新而生的政策。

## 哪些工作是最安全的？

在過去的幾年裡，我幾乎走遍了每個洲，針對人工智慧和機器人技術對就業市場可能造成的影響做了幾十次演講。不管我身在哪個國家，我發現聽眾最常問的問題總是大同小異：什麼工作可能是最安全的？我應該建議我的孩子唸哪些領域的科系？整體來說，答案可能有點明顯且令人不滿意：請避開本質上偏向例行性和可預測性的工作。這樣的工作顯然是近期人工智慧帶來的自動化將造成最大衝擊的領域。另一種說法可能是：請避開無聊的工作。如果你每天上班都會面臨新的挑戰，並且在工作中不斷學習，那麼你可能身處於領先科技的良好位置，至少在可預見的未來是這樣。另一方面，如果你一次又一次地花費大量時間製作相同類型的報告、簡報或分析，你可能要開始擔心，並該考慮調整你的跑道了。

更具體地說，我認為在短期到中期最不容易受到自動化影響的工作落在三個領域。首先，真正具有創造性的工作可能相對安全。如果你總是跳出傳統的思維框架、想出創新的策略來解決無法預見的問題，或者創造真正的新事物，那麼，我認為你將能夠善用人工智慧作為你的工具。換句話說，這項科技更有可能輔助你，而不是取代你。可以肯定的是，打造可以發揮創意的機器的重大研究正在進行中，人工智慧也將不可避免地開始侵入創意領域的工作。智慧演算法已經可以繪製出原創的藝術作品、提出科學假設、創作古典音樂並設計出創新的電子產品。DeepMind 的 AlphaGo 和 AlphaZero 為職業圍棋與西洋棋比賽注入了新的活力和創造力，因為這些系統展現了真正截然不同的智慧，並且經常採用讓人類專家驚訝的非典型策略。然而，我認為在可預見的未來，人工智慧將被用來放大人類的創造力，而不是取代人類的創造力。

第二個安全的領域包含那些重視與他人建立有意義且複雜關係的工作。這將包括例如護士可能與病患建立的那種同理、關懷的關係，或者業務人員或顧問提供客戶複雜建議時可能與客戶建立的那種關係。請特別注意，我指的不是需要微笑以及和客戶友善互動等短期服務，而是那些需要更深入且更複雜的人際互動的服務。同樣地，人工智慧也正在侵入這個領域，正如我們在第三章（38 頁）提到的，聊天機器人已經可以提供基本的心理健康治療，而且人工智慧在感知、反應和模擬人類情感的能力上都將繼續有重大的進展。然而，我認為機器要能夠與人建立真正複雜且多面向的關係還需要很長的時間。

第三類安全的工作包括需要在不可預測的環境中具有出眾的行動力、靈巧性和解決問題能力的職業。護士和老年人的照顧員屬於這一類，水管工、電工和機械師等技術產業從業者也屬於這一類。打造價錢合理且能夠自動執行此類工作的機器人可能還遙遙無期。對於那些選擇不走大學教育這條路的人來說，這些需要技術的職業工作通常是最好的機會。在美國，我認為我們應該更著重於為年輕人提供接觸到這些職業培訓或實習的機會，而不是只將越來越多的高中畢業生推去唸大學。

　　然而，最重要的因素可能不是你選擇哪個職業，而是你在這之中如何定位自己。隨著人工智慧的進步，在就業市場的廣泛領域中，主要由例行性的基本任務所構成的工作可能會消失，而那些專注於需要創造力的領域的人，或是能善用廣泛的專業人脈增加組織價值的人將爬升到頂端。換句話說，你在運動員或演藝人員身上看到的那種贏家光環或超級明星效應，可能會被強加在以前所有人的機會都均等的職業上。即使人工智慧進步，具備強大法庭攻防技能或掌握能為公司帶來業務的客戶關係的律師，很可能會繼續表現亮眼；另一方面，主要從事法律研究或合約分析的律師，可能就處於較不樂觀的處境。

　　以個人而言，適應這種情況的最佳方法可能是選擇一個你真正喜歡的職業，做你真正有熱情的事情，因為這將增加你在該領域表現出色並脫穎而出的機會。展望未來時，純粹因為某個領域傳統上提供很多工作機會而選擇該職業，並不是個很好的選擇。問題是，對特定個人來說，這或許是很好的建議，但它並不是系統性的解決方案。隨著這些轉變的展開，許多人很可能會被拋在後方，我認為我們最終將需要政策才能處理這個現實狀況。

## 經濟優勢

　　雖然人工智慧對就業市場和經濟不平等可能造成的衝擊令人擔憂，但毫無疑問，這項科技有望為經濟和社會帶來龐大的利益。自動化程度提高將有助於提升生產效率，並直接造成商品和服務的價格降低。換句話說，人工智慧將成為改善、最終消除貧困的關鍵工具，它使繁榮生活所需的一切事物變得更多、更負擔得起。此外，在研究、設計和開發中所應用的人工智慧，將帶來全新的、我們可能無法想像的產品和服務。新的藥物和治療方法則將帶來巨大的經濟效益，同時提升幾乎所有人的身心健康狀態。

　　根據兩份 2018 年底發布的報告，一份來自麥肯錫全球研究院 [208]，另一份來自顧問公司普華永道 [209]，都強力地提出人工智慧將在 2030 年為全球經濟帶來巨大的動力。麥肯錫的分析預測，人工智慧將為全球經濟增加約 13 兆美元的產出，而普華永道的估計為 15.7 兆美元。換句話說，在未來十年左右的時間裡，由人工智慧所帶來的全球經濟價值，可能大致相當於中國目前 14 兆美元的 GDP。麥肯錫的分析顯示，這些收益將以 S 曲線的軌跡到位，「一開始會因為學習與布建（人工智慧）相關的大量成本與投資而起步緩慢，但是隨後會因競爭導致的累積效應與互補性能力的提升而加速推動」。[210] 到 2030 年，隨著科技和與之相關的經濟收益的迅速發展，我們很可能會發現自己位於曲線的加速陡坡部分。

　　這些預估在很大程度上都沒有捕捉到人工智慧長遠看來最顯著的益處。正如我在第三章（38 頁）中所提出的，人工智慧最重要的一項允諾是它可以幫助我們擺脫科技停滯的時代。如果人工智慧讓我們在泛科學、工程和醫學領域有跳躍式的創新，我們的投資的潛在回報將是驚人的。也許最重要的是擴大人類集體智慧和創造力的迫切需求，以面對那些很肯定會來臨的艱鉅挑戰，包括從氣候變遷到新的乾淨能源，再到面對下一次大流行病等各方面的挑戰。這些事情很難用經濟分析來量化，但我認為，光是這些挑戰就能使人工智慧成為不可或缺的工具，即使人工智慧伴隨著前所未有的經濟與社會風險，我們也不能放棄這個選項。

　　我們眼前主要的挑戰是找到方法解決技術失業和不平等加劇等不利因素，同時繼續投資人工智慧，以充分利用這項科技將帶來的優勢。我們將面臨的根本性經濟挑戰是分配問題。與人工智慧相關的潛在經濟收益是無法否認的，但也沒有絕對的保證，確保這些收益將廣泛或公平地分享給大眾。事實上，如果我們完全不採取任何行動，幾乎可以肯定的是，收益將壓倒性地歸到收入分配頂端的一小部分人身上，而大部分人口將在很大程度上被拋在後方，甚至可能變得更糟。而且，正如我們所討論到的,這反過來可能會侵蝕普遍的消費者需求,抑制生產力提升與經濟成長。換句話說,如果不能解決人工智慧的經濟不利因素,將會使這項科技的優勢受到限制而無法充分發揮。我認為要避免這種預設會發生的結果,需要採取戲劇性且非常規的政策措施。已經使用了幾十年的傳統解決方案,例如工作再培訓計畫或推動讓更多人上大學,將不足以應付這些挑戰,尤其是考慮到人工智慧已經對更具專業技能的工作產生了重大影響,而且這種趨勢只會隨著這項科技變得更強大而更明顯。

## 解決分配不均問題

在我看來,要解決人工智慧進步所帶來的分配不均,最直接有效的方法就是給大家錢,也就是以某種形式的最低保障收入、負所得稅制或是基本收入制來補足所有人或是大部分人的收入。最近最受到矚目的概念是無條件的「全民基本收入」(universal basic income,UBI)。在 2019 年時,總統參選人楊安澤(Andrew Yang)大幅增加了全民基本收入作為因應人工智慧驅動自動化的政策的可見度。尋求獲得民主黨總統候選人提名的楊安澤主要的競選政見,是每個月發放給每個美國人 1,000 美金的「自由紅利」(Freedom Dividend)。他的競選活動因為在網路上吸引了許多熱烈的追隨者而成為焦點,透過他參與民主黨辯論的過程,也將全民基本收入推向了主流大眾,首次讓大量美國人藉此認識了這項概念。

　　無條件基本收入的主要一項優勢，是無論每個人就業的狀況如何都會支付，因此不會破壞接受這項補貼的人去工作或從事創業等能產生額外收入的事情的動力。換句話說，它可以避免傳統保障制度最大的問題。傳統保障制度有製造貧困陷阱（poverty trap）的傾向。由於失業保險或社會救濟等計畫，往往在接受者找到工作並開始賺取收入後就會被逐步降低給付或完全取消資格，因此可能會成為阻礙求職的強力因素。即使只是做一份低薪的工作也會使接受者現有的收入面臨直接的風險。這導致人們常常陷入對於保障制度的依賴之中，並且幾乎看不到任何朝更美好的未來跨出一小步的具體措施。相比之下，全民基本收入就不會受到就業與否影響，因此，任何選擇工作或小型創業以創造額外收入的人，一定會比只坐在家裡領取每月全民基本收入的人更有餘裕。全民基本收入提供了一個絕對的收入底線，但也讓賺取更多收入的強烈動機同時存在。儘管有這樣的優勢，但是對許多人來說，簡單地把錢交到大家手中，或某些人認為的「付錢讓大家活著」的想法，仍有著強烈的心理反感，這種態度很可能會持續成為實際實施全民基本收入的一大政治阻礙。

　　可以確定的是，我們還有其他政策的選項，其中最常被提到的一種政策是就業保障。讓政府成為任何需要工作的人最終的雇主，這個想法表面上看起來很有吸引力，但我認為它有很大的缺點。就業保障遠不如基本收入普及,許多最需要幫助的人將不可避免地被排除在外。這樣的系統也需要龐大、昂貴且可能不斷擴大的官僚機制。管理者需要確認員工確實到場完成分配給他們的任何工作,而且毫無疑問,將會出現許多紀律問題,包括曠職、表現不佳、被上司騷擾等等。任何用來懲處或是解僱不符合特定標準的工作者的政策都會充滿爭議性,這之中也可能伴隨著歧視或不平等待遇的指控。最後,政府將不得不解僱表現不佳或違反規定的人,這將讓受牽連的人被排除在安全保障之外,或是,這項就業計畫實際上會變成一項非常昂貴且效率低落的基本收入計畫。這之中所創造出的大部分職位很可能是沒有意義的工作,與基本收入計畫不同的是,就業保障將直接吸引勞工離開在民營企業更具生產力的工作職位。相比之下,基本收入幾乎不需要官僚主義,並且可以善用政府現有的能力,透過現有的社會保障制度等計畫發送支票。

　　雖然我認為,基本收入會是解決因人工智慧的影響力變得無遠弗屆而出現的分配不均問題最終且最佳的整體解決方案,但它絕不是萬靈丹。反之,我認為全民基本收入是建立更有效且在政治上有吸引力的解決方案的基礎。最重要的問題是,雖然基本收入可以讓人們賺錢,但基本收入本身無法複製傳統工作相關的其他重要特質。一份有意義的工作提供了一種使命感和尊嚴感,它會占去人們的時間並激勵人們努力工作以取得優異成績,然後期許因此而加薪或升職。希望獲得一份好的工作也是激勵個人追求進一步教育和訓練非常重要的因素。

我相信基本收入制度可以被調整，好讓這套制度至少有一部分得以複製工作的某些特質。自從我在 2009 年出版第一本書《黑暗中的曙光：自動化、科技加速與未來經濟》（*The Lights in the Tunnel: Automation, Accelerating Technology and the Economy of the Future*）後，我就一直主張要建立一套直接包含獎勵措施的基本收入制度。雖然每個人都應該得到一些最低限度的保障收入，但我認為每個人也應該要有機會可以透過從事某些活動來賺取更多收入。迄今最重要的獎勵措施，應該是獎勵大家繼續接受教育。想像一個世界，每個人從 18 歲或 21 歲開始，每個月就會收到完全相同的全民基本收入金額。在這種情況下，一個有輟學風險的高中生可能看不到努力獲取文憑的理由。畢竟，不管怎樣，每月收到的支票都會是一樣的。而且，如果（現在似乎已經是這種情況了）取得文憑還不足以找到一份好工作，那為什麼要留在學校呢？我認為在面臨一個變得更複雜、充滿艱難挑戰和需要做出各種權衡取捨的未來時，這將是一種不利的抑制因素，並且會引發人們對受教育程度較低的人群的擔憂。既然這樣，為什麼不乾脆給高中畢業的人多一些錢呢？這種將獎勵措施納入基本收入計畫的概念，也可以擴及到包括更高等的教育，也許還包括其他像是社區服務工作等領域。最終的願景是創造機會，為人們提供有意義的方式來度過他們的時間並獲得成就感。也許最重要的是，那些因為獎勵制度而繼續接受教育的人，將增加他們透過就業或創業而獲得更多機會的可能性。隨著人工智慧的應用越來越廣泛，人工智慧也將提供強大的工具讓個人可以利用這些工具，來開辦小型企業或透過自由職業的機會來創造收入，但要能夠利用這些機會，教育程度至少需要達到最低的門檻。我們最重要的其中一項目標，應該是讓每個人在自己能力範圍內，都可以在我們社會的各個階層內爭取最高水準的教育，並持續提供強而有力的激勵因素。

全民基本收入的另一個主要問題在於費用非常龐大。無條件將收入分配給每位成年美國人將花費好幾兆美元，選民可能會對每月送支票給已經富裕的人的想法感到反彈。我認為在不影響工作積極性的情況下，也許有機會讓收入較高的人逐步脫離全民基本收入。要做到這一點的最佳方法，可能是以「被動收入」為主的資產調查為判斷基礎，決定誰無法納入全民基本收入。如果你自動就可以獲得可觀的收入，也無須做任何工作或行動，例如，如果你獲得一筆養老金、社會保障救濟金或是可觀的投資收入，我認為相應地逐步或完全取消你的全民基本收入資格是合理的。除非收入水平非常高，否則工作或直接管理企業的主動收入不會影響全民基本收入。許多人會認為這是不公平的，但畢竟基本收入背後的想法是為每個人提供至少最低保證的收入底線。如果你已經可以獲得這樣的收入，你大概也不需要全民基本收入了。任何政策倡議都無法讓這個世界變得完全公平。以現實來說，我們能夠期望的最佳計畫，是可以緩解不平等、解決最極端的那些物質匱乏的情況，並確保消費者獲得能夠繼續推動經濟成長所需的收入。

當然，所有這些概念本身都有要面對的挑戰。如果我們將獎勵措施納入基本收入計畫，那麼，誰該來決定這些獎勵措施的內容？對許多人來說，這將立即引發對於專橫的保姆式政府的恐懼，害怕政府將破壞人民選擇的自由，並將其觸手伸入我們的日常生活中。我仍然認為，應該有可能就至少對個人和整體社會都明顯有利之最低限度的獎勵措施達成一些普遍的共識，並且，我要再次強調，追求教育在獎勵措施之中很明顯該是最重要的指標。一項與此相關的問題是基本收入計畫將會變得政治化。我們很容易想像在未來，幾乎每位政治家都會以「我會增加你每月的全民基本收入」作為競選主軸。出於這個原因，我認為應該將基本收入計畫的管理權從政治流程中拿掉，並將其置於一個營運遵循明確運作原則、由技術專家主導的機構手中，也就是某個類似於美國聯邦儲備銀行的單位。

這並不代表我們應該放棄傳統上的失業、就業不足或解決不平等問題的解決方案。隨著人工智慧和機器人科技的影響力在未來幾年和幾十年間加速發展，我們應該盡一切可能來確保盡可能多的勞工成功度過轉換期。特別是，我們應該投資社區大學和大眾負擔得起的職業培訓或學徒計畫，以替代競爭激烈的營利性學校，這些學校目前在美國是教育領域的大宗。儘管如此，我認為人工智慧所帶來的破壞，最終將強大到此類計畫無法滿足需求，而我們將需要採取更多非常規的解決方案。

　　基本收入仍將面臨嚴峻的政治阻礙，我認為，實際上這樣的計畫可能需要從最小的程度開始推動，然後隨著時間的推移而逐步擴大。在制定全國性的計畫之前，我們需要更多關於全民基本收入的數據與更多實際執行的經驗，因此，我們應該展開以尋找最理想的政策決定因素為目標的實驗。我希望其中某些實驗能納入我關於獎勵措施的概念。這些基本收入實驗所產生的數據，將允許我們制定出一個能有效拓展的計畫，幫助我們在日漸由人工智慧塑造的未來能夠保有基礎廣泛的繁榮。

＊＊＊

　　技術失業和不平等擴大的可能性，只是因人工智慧興起而帶來的其中一項主要問題。接下來的兩章將把重點放在討論隨著技術進步，已經明顯出現或可能出現的一連串其他風險。

第七章
# 中國與人工智慧監控政府的興起

　　新疆自治區位於中國的西北邊疆。這個區域幅員遼闊，大約是美國德州面積的兩倍半，且與除中國以外的七個國家相鄰：東北邊是蒙古、北邊是俄羅斯、西邊是哈薩克、吉爾吉斯、塔吉克、阿富汗、巴基斯坦和印度。這裡的氣候和地形非常惡劣，主要是崎嶇的山脈和沙漠，中間點綴著綠洲城市，該省 2,400 萬人口中有大部分人口都聚集在這些綠洲城市中。傳說中的絲路，或該說是真正的「道路」，因為它實際上是一個道路交通網路，橫跨了新疆，使該地區成為東西方貿易的中心，促進了整個歐亞大陸文明的興起。馬可波羅（Marco Polo）在 13 世紀後期走過這條路線，他當時遇到的是熱鬧的市集和滿載的駱駝，這與今天在新疆可看到的景象非常不同。

　　新疆之所以成為大家關注的焦點，並非因為其悠久的歷史，而是因為該地區最大的民族維吾爾人，被強加了歐威爾式的極權未來。在像喀什這類的城市，每個人幾乎都不斷地被監視著，有成千上萬的攝影機安裝在街道、建築物、電線桿上。居民要出入城市時會在檢查站被攔下，只有在被臉部識別系統確認後才會允許他們進出。[211]

　　雖然新疆是中國監控計畫的引爆點，但該地區也是逐步在全國各地部署應用的技術與科技的實驗場。中國預計在 2020 年之前安裝近 3 億台攝影機，其中許多攝影機與臉部識別技術或具有其他人工智慧驅動的追蹤技術相關，例如根據行人的步伐姿態或服裝來識別行人。在新疆，維吾爾人若是出現違反規定的行為，或是接觸被禁止的思想，例如閱讀《古蘭經》（*Koran*）等，就有可能被送往中國在此地區建立的其中一座大規模「再教育營」。即使是在中國的其他地區，中國政府也全面部署社會評分系統來進行系統性的行為矯正，以實現政府的願景。最終，一個人生活中的幾乎所有面向，包括消費購買、實體的行動、社群媒體互動以及與他人的聯繫，都將被監視、記錄和分析。然後，這些資訊將用來決定每個人整體的社會評分。那些在這項指標上獲得低分的人將受到處罰，例如禁止乘坐公共交通工具或禁止他們的孩子就學。

　　因為中國迅速崛起成為人工智慧研發領域的世界領先者，這一切事情都在加速。從一些判斷指標來看，例如光從在該領域工作的電腦科學家和工程師的數量以及發表的研究論文數量來看，中國已經領先美國了。中國在人工智慧上進行大規模的投資，並使人工智慧成為國家級的重點策略。中國的領導人似乎也對人工智慧有所了解且具備相關知識。2018 年年初時，中國國家主席習近平曾在他的辦公室透過電視發表談話，在畫面上的背景可以看到人工智慧和機器學習方面的書籍。[212] 中國政府還出手資助了幾百家新創公司，其中許多公司的價值都達數十億美元，而且是明顯的技術領導者。

隨著中國成為世界兩大人工智慧研發中心之一，在這個領域與美國和西方間一直存在的競爭可能會變得更加激烈。在中國崛起的人工智慧產業中，有很大一部分都專注於開發臉部識別技術與其他監控技術，這些公司都不乏熱切的客戶，這些客戶不僅在中國，也來自世界各地的國家。此外，我們將會看到，使用人工智慧的監視技術，絕不僅限於專制政權。特別是臉部識別系統，也已經在美國與其他民主國家廣泛被應用，這也已經引發了激烈的辯論以及偏見與濫用的指責。除非這項技術受到嚴格監管，否則隨著它繼續變得更加強大、更無所不在，這些問題只會更令人擔憂。

## 中國躍居人工智慧研發的前線

2018 年 6 月時，在猶他州鹽湖城舉辦了一場關於電腦視覺的重要論壇。自 2012 年著名的 ImageNet 競賽以來的六年裡，機器視覺領域已經有了巨大的進步，現在，研究人員則聚焦於解決比當時更困難的問題。這場活動的其中一個亮點是「魯棒視覺挑戰賽」（Robust Vision Challenge）。這場比賽由蘋果和 Google 等大公司贊助，來自世界各地的大學和研究實驗室的團隊會在一系列挑戰中相互競爭，比賽內容是在不同的情況，例如是室內或室外照明，或是不同的天氣條件下正確識別圖像。[213] 這種能力對於在不同環境中運作的自動駕駛汽車或機器人等應用是關鍵。比賽中最重要的其中一個部分集中在「立體機器視覺」（stereo machine vision）上，或者換句話說，和我們使用眼睛的方式一樣使用兩個攝影機。我們的大腦能透過從稍微不同的有利位置來解析視覺資訊，然後生成 3D 場景，而兩個正確定位的相機讓演算法可以做到類似的事情。[214]

獲勝的團隊讓很多人感到意外：一群來自中國國防科技大學的研究人員。這所大學成立於 1953 年，前身是中國人民解放軍的軍事工程學院，在研究和創新方面獲得了多項國家獎項，尤其是在電腦科學領域。根據該校的網站，該大學「以黨的創新理論為基礎，教育與培養忠誠且合格的繼任者」。[215] 這似乎很明確地表示了，中國的學術或商業人工智慧研究與該國的政治、軍事和安全機構之間只存在一條非常模糊的分界線。

當然，中國政府對中國經濟和社會的幾乎每個層面都進行干預，並施加一定程度的控制，這都已經是司空見慣。然而，中國最近在人工智慧領域的快速進步，是中國的中央政府明確的產業政策下，特別推動與精心策劃的成果。

許多評論家認為，DeepMind 的 AlphaGo 與圍棋冠軍李世乭在 2016 年 3 月進行的比賽是中國突然對人工智慧產生興趣的催化劑。圍棋起源於中國，在中國廣受歡迎和推崇。AlphaGo 以 4 比 1 寫下勝利，這場在韓國首爾舉辦、為期七天的比賽，在中國有超過 2.8 億人觀看直播。電腦在中國深具歷史與文化淵源的智慧競賽項目中擊敗了頂尖的人類參賽者所造成的恐懼，給中國的大眾、學者、科學技術人員和政府官員都留下了不可磨滅的印象。李開復甚至將 AlphaGo 與李世乭的比賽稱為中國的史普尼克時刻。[216]

一年多後，第二場比賽在中國烏鎮舉行。在獎金 150 萬美元的三局比賽中，AlphaGo 擊敗了當時排名世界第一的中國棋手柯潔，而且是連續三局獲勝。然而這一次，沒有任何現場觀眾。中國政府或許已經預料到了結果，因此發布了審查令，禁止對比賽進行任何現場直播，甚至不能發表關於比賽的即時評論訊息。[217]

在柯潔輸給 AlphaGo 兩個月後，中國的中央政府在 2017 年 7 月發布了一項明確的計畫，將人工智慧列為國家的戰略重點。這份文件以《新一代人工智能發展規劃》為題，宣稱人工智慧將會「深刻地改變人類的社會和生活，並改變整個世界」，然後提出了非常雄心勃勃的一步步計畫，以在 2030 年之前在該技術取得領先優勢為目標。這項計畫的作者寫道，到了 2020 年時，中國的「人工智慧整體技術和應用將與世界的先進水準同步」，並且「人工智慧產業將成為新的重要經濟成長項目」。下一步是「到 2025 年時，中國人工智慧基礎理論實現重大突破，部分技術和應用達到世界領先水準，人工智慧成為中國產業升級和經濟轉型的主要動力」。然後，最後一步是「在 2030 年時，中國的人工智慧理論、技術與應用達到世界領先水準，讓中國成為世界主要的人工智慧創新中心，應用於智慧經濟與智慧社上並取得明顯成效，為中國躋身創新型國家前列與成為經濟強國奠定重要基礎」。* 218

　　這份文件的發布扮演著關鍵的角色，不是因為中國中央政府有能力直接微觀管理全國的人工智慧能力的發展，而是因為這份文件定義了一個整體的戰略，而也許更重要的是，它為區域和地方政府創造了明確的獎勵措施。在中國的體制中，有很大一部分權力是下放給管理國家各個地區和城市的共產黨官員。在黨內晉升主要是精英導向，官員的職業發展道路，很大程度上取決於他或她在一個以特定指標衡量績效的競爭生態圈中有什麼表現。對於那些設法脫穎而出的人來說，這幾乎算得上是沒有任何限制。

　　甚至在中央政府明確表態歡迎人工智慧之前，在中國的特

---

* 如果你對深度神經網路應用於語言翻譯的能力有任何質疑，你可以比對一下中國的《新一代人工智能發展規劃》的這兩段介紹。其中一段是用 Google 的機器翻譯來翻譯中國政府文件的原始內容，另一段則是由四位語言學家組成的團隊所做的專業翻譯。

這份文件的第一段如下，你可以分辨出哪一段是由誰翻譯的嗎？

A：人工智慧的快速發展將深刻地改變人類社會和世界。為了搶先捕捉到人工智慧發展的重大戰略機遇，構築中國人工智慧發展先發優勢，並加速創新型國家的建設與打造世界的科技與技術強國，這項計畫是依照黨中央委員會與國務院的布建需求而制定的。

B：人工智慧（AI）的快速發展將會深刻改變人類的社會與生活，並改變世界。為了搶先捕捉人工智慧發展重大戰略的機會、打造中國人工智慧發展的先發優勢、加快創新型國家的建設和打造世界科技強國，依據中共中央委員會與國務院的需求，而制訂了這項計畫。

答案是，B 是人工翻譯的版本。

定地區就已經有大量投資並很鼓勵人工智慧的新創公司。其中大部分都集中在高科技園區，例如中國南部的城市深圳和北京西北部的中關村地區，這裡靠近中國最負盛名的北京和清華兩所大學，通常被稱為「中國的矽谷」。然而，2017 年發布的戰略文件有效地創造了一項明確的人工智慧指標，地區的官員知道他們可能會根據這項指標而受到評判。因此，全國各地區與城市迅速加入競爭，打造經濟特區和創業孵化器，並為人工智慧新創公司提供直接的風險投資和租金補貼。一個城市的投資很容易就達到幾十億美元。這種以創新為重點而缺乏協調的自上而下的指令，在美國是難以想像的。在美國的區域間競爭一般都是零和現象，舉例來說，德州把企業從加州吸引到德州，或是城市為了吸引企業而向大公司提供大量稅收減免，以換取創造就業機會的設施。

　　中國在人工智慧領域的發展享有許多關鍵的優勢。其中，有許多優勢都直接來自中國龐大的人口。截至 2020 年 3 月，中國約有 9 億活躍網路用戶，超過美國和歐洲的總和，約占全球網路用戶總人數的五分之一。[219] 然而，接觸網路的人僅擴展到中國人口的 65％ 左右，而美國則已經到達 90％。[220] 換句話說，中國有更大的網路成長潛力。在中國的十四億人口中，有許多聰明且有野心的高中生和大學生都渴望精通深度學習等技術，並希望最終可以加入在中國數量呈爆炸式成長的其中一家人工智慧新創企業，或甚至是自己創業，而在這些新創企業中，有許多都已達到十億美元以上的估值。這些年輕人都是麻省理工學院和史丹佛大學等美國頂尖大學提供的網路課程最投入且最具熱情的學生。他們也很熱衷於梳理北美和歐洲頂級人工智慧研究人員所發表的技術文獻。因此，中國正在迅速培養大量才華橫溢且非常勤奮的工程師，他們隨時掌握西方所產出的最先進知識，並準備好在中國幾乎是經濟和社會的所有層面上發揮人工智慧的影響力。

然而，中國最重要的優勢在於經濟活動產生的數據量和類型。作為一個發展中國家，中國在傳統系統上的投資非常少，而是直接跨過傳統系統而躍上了行動科技的前線。中國的大眾使用智慧手機的活動範圍和西方相比普遍上更廣泛。這一切主要是由騰訊的微信（WeChat）的流行所推動。微信於 2011 年推出，在中國和其他國家的華僑中獲得了壓倒性的用戶量。

微信在本質上是一個訊息的應用程式，大致可與 Meta 的 WhatsApp 相媲美。然而，騰訊很早就訂定決策，透過允許第三方使用所謂的「官方帳號」並加入自己的功能，來大幅擴展微信的功能。這些基本上產出了許多迷你應用程式，在所有產業的企業中，這些應用程式都非常受歡迎，尤其當它與微信進行行動支付的功能相結合時。在美國和其他西方國家，標準的作法是讓每個企業都有自己的手機應用程式。在中國，微信已經發展成為某種「主要的應用程式平台」，數百萬企業和組織使用它來與大眾互動。中國人不僅使用微信進行交流，還使用微信來支付餐廳的費用、預約醫生、網路約會、支付水電費、叫計程車，以及做幾乎所有其他的事情，而且透過微信所提供的服務數量仍然在不斷擴大。與 Apple Pay 等系統需要客戶投資昂貴的銷售點設備不同，微信的行動支付只需顯示條碼供客戶掃描即可完成付費。因此，即使是最小的企業，例如路邊的小吃攤，也可以輕鬆使用行動支付。縱觀中國，微信支付是一種比使用信用卡支付更流行，甚至在很多地方都已經取代了現金支付的形式。

　　這帶來的結果是中國有更多的數位活動數據，而且這些數位活動延伸到整體經濟的更深層次，留下大量的交易記錄，這些交易記錄在美國跟歐洲都還可能是以離線的形式交易。每一筆付款、每一次預約、每一趟計程車，任何類型的一切互動都會生成非常適合深度學習演算法吸收的數據。

　　除了有更豐富的數據之外，中國的人工智慧企業通常也更容易獲得這些數據。雖然確實存在著數據隱私的法規，但它們遠不及美國，尤其是不像歐洲那麼嚴格。大眾對於多數的這些議題也不特別關注。對個人隱私的擔憂，或者對在演算法中可能存在針對特定種族之偏見的擔憂，在中國是不存在的，也不太會激起任何漣漪。這些問題如果是在民主社會中就會迅速引起強烈的憤怒。Google 能夠獲得英國國民保健署原本承包給 DeepMind 的數據這件事就在英國引起了強烈的反彈。中國的科技公司在醫療保健或教育等領域應用人工智慧時，通常能受益於更流暢的執行管道與更容易盈利的能力。如果數據是新的石油，那麼中國的人工智慧企業家就是新時代的石油投機者，他們在相對不受監管的數據領域中，在每一個有潛力的地點鑽探和架設抽取泵以提取價值。

　　甚至在風險投資支持的人工智慧新創公司急遽擴展之前，中國的主要科技公司，尤其是騰訊、阿里巴巴和百度，就已經在人工智慧研發方面進行了大筆的投資。百度通常被稱為「中國的 Google」，是中國領先的網路搜索引擎，在語音識別和語言翻譯等領域都擁有非常專業的知識，但是百度同時也在積極進軍其他領域。例如，百度在 201 年推出了「阿波羅」（Apollo），這是一個開源的自動駕駛汽車作業平台，本質上是一種「自動駕駛汽車用的作業系統」，百度將這套系統免費給中國高度分散的汽車製造業商使用。[221] 包括 BMW、福特汽車（Ford）與福斯汽車（Volkswagen）在內的國際汽車公司以及輝達等技術提供商，也已經簽約成為這套作業系統的合作夥伴。作為回報，百度可以使用這些車輛所生成的數據，然後可以使用這些數據來訓練其演算法。換句話說，百度所用的是一種獨特的策略，這項策略最終可能會給予百度強大的優勢，近似於特斯拉數十萬輛配有攝影機的汽車為特斯拉所帶來的優勢。

　　中國早期的人工智慧進步，在很大程度上是來自於從美國和其他西方國家轉移知識和人才所推動的。精通中文的美國研究人員成為了中國招聘的目標。例如，2014 年時，百度聘請了吳恩達（Andrew Ng），他是美國最著名的深度學習專家，當時負責帶領「Google 大腦計畫」（Google Brain），這是 Google 第一個利用大規模深度神經網路的計畫。吳恩達在百度工作了三年才返回矽谷，他在北京建設了百度的主要人工智慧研究實驗室。然後在 2017 年，百度聘請了微軟的高階人工智慧主管陸奇擔任公司的營運長。[222] 近來，有越來越多移民在美國頂尖的研究生課程中接受教育後選擇返回中國，因為以人工智慧為核心的產業機會通常對他們更具吸引力，擁有卡內基美隆大學博士學位的陸奇就是這之中的一員。事實上，豐富的機會和快速變化的產業形勢經常造成中國人工智慧專家的高流動率。陸奇在百度只待了一年左右，現在在北京經營一家創業育成中心。

此外，得到西方的研究成果和西方研發的演算法也發揮了關鍵作用。在 AlphaGo 擊敗柯潔大約一年後，騰訊就宣布自家的圍棋軟體「絕藝」（Fine Art）也成功打敗了這位圍棋高手。然而，騰訊的系統很可能受到 DeepMind 已發表的成果很大的啟發，甚至，很有可能是直接抄襲。但是大多數與我聊過的西方人工智慧研究人員似乎都不特別關心這種知識轉移，或是不會從國家競爭的角度來看待人工智慧的進展，他們堅信一個強調公開發表研究成果與自由交流思想的全球機制。當我詢問 DeepMind 執行長德米斯・哈薩比斯對於「與中國的人工智慧競賽」的看法時，他告訴我，DeepMind 總是公開發表研究成果，而且他知道，「騰訊打造了一個 AlphaGo 的翻版」，但他並不認為這是「有這樣意義的一場競賽，因為我們認識所有的研究人員，而且我們有很多的合作。」[223]

而且，大家都說中國的研究人員發表的文獻一直在為人工智慧研究的整體學術成果做出重大貢獻。根據艾倫人工智慧研究所在 2019 年初的一項分析，中國發表的人工智慧研究論文總數早在 2006 年就已經超越美國了。[224] 由於人們普遍認為這些論文中，有許多論文的品質相對較低，或提出的內容相對沒有太多進步的價值，所以艾倫研究所做了進一步分析，分析的重點是被其他研究人員大量引用的少數已發表論文。這項分析的結果發現，如果過去的趨勢將會持續下去的話，到 2019 年底，以論文被引用的次數來衡量的話，排名前 50％的論文中，中國的論文數將會超越美國，而被引用次數最多的前 10％論文中，中國則會在 2020 年超越美國的論文數。到 2025 年時，中國的研究人員將延續此趨勢，而有望比美國發表更多有真正關鍵影響力、在引用上排名占整體論文前 1％的論文。從另一項指標來看，中國在申請人工智慧的專利總數方面也已經領先美國。

不過，並非所有人都認同「中國在人工智慧研發上即將超過美國」這件事。牛津大學人類未來研究所人工智慧治理研究中心的研究人員傑佛瑞・丁（Jeffrey Ding）在 2018 年做了一項分析研究，根據四項指標對美國和中國的人工智慧能力進行評估：已安裝的人工智慧計算硬體、適用於機器學習的數據之可用程度、研究和先進的演算法研發的專業程度，以及人工智慧商業生態的強韌度。基於這些因素，丁得出了他所謂的「人工智慧潛力指數」，結果中國的指數僅為 17，而美國的指數則為 33。[225] 例如，他指出在中國申請的人工智慧專利中，只有大約 4％ 後來也在其他國家的司法管轄區域提交專利申請，這可能代表這些專利的品質低下。他於 2019 年 6 月在美國國會的委員會上作證時提出，他認為傳聞中國在人工智慧領域占據主導地位這件事是被誇大了，美國在人工智慧方面仍擁有顯著的結構性優勢，而美國的政策應該側重於維持現在領先的狀況。[226]

相反地，李開復認為美國可能會繼續在人工智慧最前瞻的研究方面保持優勢，但是這種優勢很快就會被中國所超過，因為中國有豐富的人工智慧實際應用經驗，有許多在整體經濟中實際應用這項技術的實質工作成果。李開復認為，將 AI 用於商業領域並不需要頂尖且有遠見的研究人員，只需要大量有能力且勤奮的工程師，並讓他們能夠輕鬆地使用大量用於訓練機器學習演算法的數據就夠了。[227]

顯而易見的事實是，人工智慧的影響絕不會僅限於商業領域，這大大增加了美國和中國之間任何大家所能注意到的人工智慧競爭的風險。人工智慧將提供可在軍事和國家安全應用上廣泛發揮影響力的巨大優勢。

中國政府敏銳地意識到了這一點，並已積極採取行動，以消除這兩個領域之間的任何界限。2017 年時，為了響應習近平親自提出的戰略，中國修改了憲法，明確要求在商業領域產生的任何科技進展，都必須與中國人民解放軍共享。這就是著名的「軍民融合」原則。2018 年時，百度與一個以電子戰爭技術為主的中國軍事機構合作，共同展開了一項為軍隊開發智慧指揮控制技術的計畫。百度的高階主管尹世明也是一位曾在蘋果和軟體公司 SAP 等西方企業工作的工程師，並從中累積了豐富的經驗。在一場宣布這項合作夥伴關係的活動中，尹世明宣布百度和這所軍事研究所將「攜手合作，連結電腦計算、數據和邏輯資源，進一步推動新一代人工智慧技術在國防領域的應用」。[228]

這件事與 Google 由於員工所施加的壓力而終止了競標美國五角大廈的 JEDI 專案形成了強烈的對比。Google 的另一項「Maven」專案，旨在開發可用於分析從美國軍用無人機收集之圖像的電腦視覺演算法，這在 Google 員工中激起了更強烈的怒火。在 2018 年，有超過 3 千名員工簽署了反對該計畫的請願書，有多名技術專家離開了公司。[229] 與 JEDI 專案一樣，Google 最終放棄了這項計畫。雖然 Google 員工當然有權表達自己的觀點，但我認為這裡的不對稱性既明顯又令人不安；坦率地說，百度或騰訊的員工可以（或可能會）提出類似抗議的想法是荒謬的。民主國家的人民所享有的自由並非天生就存在的人權，也並非只是為了被行使而存在，相反地，自由是在威權主義面前必須捍衛的政治權利，這是不可避免的事實。隨著兩國在人工智慧技術的整體水平越來越勢均力敵，如果像 Google 這樣的公司不願意與美國的軍事和國安機構合作，而在中國的同業卻有協助中國威權政權的義務，這種義務如此明確甚至寫入了國家的憲法，這樣的狀況下，美國該如何在國家安全的基礎上進行競爭？

在我看來，美國和其他西方國家顯然需要非常認真看待中國在人工智慧領域的快速崛起。這可能需要政府加大對大學的基礎研究的支持。尤其是美國，必須繼續利用其最重要的一項優勢：美國的大學和科技公司一直都吸引著來自世界各地的人才。我在 2018 年出版的《智慧締造者》一書中採訪了 23 位頂尖的人工智慧研究人員，他們的背景清楚地顯示了美國對高專業技能移民開放的必要性。在我訪談的 23 個人之中，有 19 個人目前都在美國工作，而在這 19 個人中，有超過一半都是在美國以外出生。這些人的母國包括澳洲、中國、埃及、法國、以色列、羅得西亞（現在的辛巴威）、羅馬尼亞與英國。如果美國不能繼續吸引來自世界各地最聰明的電腦科學家，中國將不可避免地取得優勢，因為中國持續在教育上投入更多的資金，而其人口大約是美國的四倍。

## 中國的監控政府崛起

沒有任何國家贏得過中國的威權政府體系與人工智慧新創生態圈之間的強大合作，這點在以臉部識別技術為主的新創公司呈現爆炸式成長上最為明顯。截至 2020 年初，在這個領域的四家公司,商湯科技、雲從科技、曠視科技與依圖科技皆達到了「獨角獸」的地位。[230] 雖然分析家可能會爭論,中國在人工智慧的整體技術方面是否已接近與美國同樣的水平,但是在用於分析和識別人臉與其他特徵的深度學習演算法方面,無庸置疑,中國的企業絕對位居該領域的最前列。與中國其他領域的人工智慧應用一樣,帶來所有這些進步的一項關鍵因素,是能夠使用龐大的數據以訓練機器學習演算法。據估計,截至 2020 年,中國在全國安裝了 3 億個監控攝影機。談到在所有可以想像的情況下,從每一種可能的角度取得人臉數位照片,中國絕對是全球的領先者。

　　中國威權政府各個層級的政府對監控技術看似無限的需求,鼓舞了臉部識別的新創公司。某些最熱切購買這項技術的買家是當地的警察單位,他們持續加重力道建立針對其轄區的監視網。雖然新疆仍然是中國監控政府的起源,但在那裡測試和益發完善的技術,正在全國各地迅速擴張。警察單位經常將臉部識別系統與其他技術相結合做使用,例如手機掃描機會偵測通過附近的每部手機唯一的一組識別碼,以及汽車車牌辨識系統和指紋識別技術一起編織成一個歐威爾式的社會,而且隨著時間過去,這些編織也整合的越來越緊密。例如,演算法通常可以將手機的識別碼與臉部進行匹配,進而創造出一個可以全面追蹤和識別個人的系統。這類系統安裝在社區或已知與較高犯罪率相關的特定建築物的出入口。進入住宅設施也通常是透過臉部辨識系統來解除門禁，而不是透過門卡或其他侵入性較小的方法。這讓物業管理單位和當地的警察部門都能夠追蹤居民和客人，並防止非法轉租公寓的情況發生。[231]

監控攝影機也大量聚集在旅客會到訪的地區，或是人群可能聚集的任何區域，例如火車站、體育館、旅遊景點和活動地點。在一些廣為人知的案件中，警方曾經在多達 6 萬人參加的音樂會或節慶中逮捕了特定的某些人，純粹是因為演算法提醒當局臉部辨識系統成功辨識出這些人。[232] 在某個彷彿是擷取自反烏托邦科幻作品的場景中，警察可以透過佩戴實驗性的臉部識別眼鏡來逮捕嫌疑人，只要目標保持靜止不動幾秒鐘且目標的資料有在此區域的臉部辨識數據庫中，臉部識別的眼鏡就可以辨認出目標的身分。其他人工智慧系統可以根據人們穿著的衣服，或甚至透過分析人們走路獨特的步伐特徵來追蹤他們。

人工智慧最著名的其中一項應用，是襄陽市所建立的一套系統。這套系統可以在繁忙的十字路口捕捉到亂穿越馬路的人，然後讓他們難堪。這套系統會捕捉非法穿越馬路者的照片並辨識他們的個人身分，接著將照片和個人身分顯示在大螢幕上，試圖讓這些人受到公眾的羞辱和成為八卦的焦點。[233] 在包括上海在內的其他城市也有類似的系統用於罰款。可以肯定的是，並非所有在中國的臉部辨識技術都專門用於監控。中國在透過臉部掃描授權零售商店付款、購買火車票或是登機上也處於領先地位；但是日常生活中透過應用人工智慧而生成的任何數據，也幾乎肯定都會提供給警察部門和國安機構使用。

　　雖然中國大部分這些普遍的監視系統，在某種程度上至少可以作為保護社會免受已知犯罪背景的特定人士侵害的機制，並以此為這些做法進行辯護，但是在其他情況下，它以在西方無法想像的方式侵犯了道德界限。例如，一些警察部門提出了具體的需求，要求這項技術不是設計成識別個人的臉孔，而是識別維吾爾人或其他「敏感族群」的種族特徵。

　　而中國的臉部辨識新創公司迅速行動以滿足這樣的市場需求。紐約時報在 2019 年 4 月時發表了一篇由保羅・莫澤（Paul Mozer）撰寫的報導，附上從雲從科技的網路行銷素材截圖而來的圖片，上面顯示這家公司向其技術的潛在買家承諾如果「在鄰里內的敏感族群人數增加（例如，如果最初只有一個維吾爾人住在一個社區，卻在二十天內出現六個維吾爾人），它會立即發出警報，以便法律執法人員可以回應，盤問這些人並處理情況，以制定出應急的計畫」。[234]

　　在一個維吾爾家庭和平站立、一排維吾爾人通過軍事警察和一些內亂場景的照片旁邊，該公司的網站繼續以「敏感族群的鄰里控制和預防」為標題，進行以下解釋，「人臉辨識系統會在鄰里間收集這些人的身分資料和臉部數據，同時火眼（Fire Eye）大數據平台會收集敏感族群的身分、出入次數、人數等，並發出警告給警察，以協助警察實現管理和控制敏感族群的目標」。[235]

就連雲從科技的產品火眼大數據平台的品牌形象，似乎也像是直接從科幻作品中抽取出來的片段。即使在公開的公司網站上，在描述這項技術的用途時也完全沒有任何託辭或斟酌用語的嘗試，這非常戲劇性地顯示出中國政府針對維吾爾人的行動多麼壓迫，以及人工智慧如果落入錯誤的手中，將如何以真正反烏托邦的方式被利用。這樣的危險絕不僅限於中國。幾乎所有先進的臉部識別技術，都可以調整系統的配置以識別種族、性別、臉部的毛髮或宗教的衣著等特徵，將這項科技變成針對特定群體的武器。

中國對其人民進行更全面監控的這條路，可能會隨著中國計畫中的「社會信用體系」的全面實施而達到頂峰。這項計畫於 2014 年宣布，作為一種獎勵「守信」人民的方式，其宣稱的目的是「讓守信的人可以在天空之下自由行動，同時讓失信的人難以邁出任何一步」。[236] 社會信用體系的指標一開始很像是典型西方商業管理用的信用或消費者評級系統的作法，例如，基於個人償還債務的歷史來評分，或是類似優步或 Airbnb 等服務使用的評分系統。但中國的制度納入的項目更深遠，將違法以及國家認為不受歡迎的任何行為都納入評分，這可能會侵入人民日常生活的幾乎所有層面。除了未能在時限內支付帳單或罰款之外，這可能還包括玩太多電玩遊戲，在社群媒體上發布有爭議性的想法，與錯誤的人士互動，在大眾交通工具上飲食、亂扔垃圾或播放吵雜的音樂，在任何被禁止的地方吸煙，甚至是未能正確分類垃圾。[237] 這套社會信用計算的系統還會獎勵積極的行為，例如贏得公民或員工獎項、向慈善機構捐款、付出許多努力來照顧家人或幫助鄰居。這套系統甚至可以觸及到最私密的消費者決策，例如獎勵像是購買嬰兒尿布等被認為是正向的消費行為，同時也懲罰過度購買酒精的消費行為。那些獲得優異評分的人將獲得諸如暖氣費折扣、在醫院或政府機構的等待時間更短或優先獲得最佳就業機會等福利。另一方面，那些社會信用評分較低的人將面臨到懲處，例如無法訂機票和火車票，無法讓孩子去上最好的學校，或者無法訂想要住的旅館或度假勝地。一旦這樣一個無所不含的系統開始全面運作，它將成為一個極端侵入性的控制機制，在中國龐大的人口中，幾乎每一個成年人都將持續受到影響。這是一種被人權觀察組織（Human Rights Watch）形容為「令人不寒而慄」的想法。[238]

　　儘管所有這些都是最後的願景，但在當前的現實中，這套系統卻沒有那麼有連貫性。在實際應用上，社會信用體系被分割成由各個城市和地方政府運作的實驗性計畫，以及由阿里巴巴或騰訊等營運行動支付系統的公司管理的一系列商業評級系統。[239] 有一些計畫因為比較透明且只懲罰明顯非法的行為，並帶來無法否認的正向結果，而得到了大眾普遍的認可，榮成市的某項計畫就是如此。例如，榮成的駕駛因為明確規定違規會對他們的社會信用評級造成負面影響後，就開始會為了行人的安全而在十字路口把車停下來。雖然確實有幾百萬張機票或高鐵票被拒絕售給某些民眾，但這通常是因為他們的名字出現在長期使用的黑名單上，而不是因為演算法計算的分數的結果。最重要的黑名單掌握在中國最高人民法院手中，主要包括未清償債務、未繳交法院判決金額或是未交罰款的人。隨著時間累積，這些系統似乎不可避免地將更緊密地整合，而臉部識別與其他用於追蹤與監控人民的人工智慧技術，將會放大它們的侵入性。最後，一個真正歐威爾主義式、全面且精心策劃的社會控制系統很可能會出現。

這一切都不僅限於中國。事實上，監控技術的出口在中國國家整體戰略，也就是將國內的生產從低利潤商品轉型成高價值技術產品上，扮演著關鍵作用。中國掌控著全球近一半的臉部識別技術市場。其中大部分由一家中國公司所主導，也就是電信公司華為。根據卡內基國際和平基金會（Carnegie Endowment for International Peace）2019 年 9 月的一項分析，華為已向至少超過 50 個國家與 230 個城市出售了包括臉部識別在內的監控技術，這遠遠超過任何一家公司。相比之下，安裝了與華為最接近的美國競爭對手 IBM、帕蘭泰爾（Palantir）和思科（Cisco）系統的國家數，都只有不到十幾個國家。[240] 沙烏地阿拉伯、阿拉伯聯合大公國等威權政府統治的國家，在擴大自己國內的監控系統時，尤其渴望獲得中國的技術。在這些國家，臉部辨識通常都已經是日常生活的常態。我自己是在 2019 年初一趟去阿布達比的旅程中體會到這一點的，我在那裡時，聽到了一個關於一個富有的女人遺失了一枚昂貴戒指的故事。她向當局報告了這起事故，當局立即將臉部識別軟體應用在相關區域的監控影像上，並在事件發生後幾小時內到達撿到戒指的人的家門口。

　　購買華為銷售的監控設備的資金，通常是來自向中國政府的貸款。包括肯亞、寮國、蒙古、烏干達、烏茲別克斯坦和辛巴威等國都參與其中，某些國家是包含在北京的全球「一帶一路」計畫的一部分，這項計畫的內容是為近 70 個國家的基礎設施提供資金。非洲是重要性越來越高的地區，據說中國的臉部識別系統已經在此造成了很大的影響。例如，華為聲稱在肯亞首都奈洛比及其周邊地區安裝華為的技術後，此地在 2015 年的犯罪率降低了 46%。[241]

　　中國公司開發的技術對國安與人權的影響，已經導致中國與美國的重大摩擦。2019 年 5 月時，美國對華為發出貿易限制令，禁止向該公司銷售軟體和電腦晶片等美國技術。這是源自美國在不斷升級的全面貿易戰中擺出的某種態勢，加上長期以來，人們一直擔心華為所出售的 5G 行動基礎設施的技術，可能會讓中國政府在美國本地安裝設備後，能夠取得美國的通信資訊。[242] 美國也向同盟的國家施加龐大的壓力，要求同樣禁止使用華為的設備，這些努力獲得了毀譽參半的成果。此外，華為也被美國指控違反美國對伊朗的貿易禁運，並且還得到中國政府的不當支持。

　　五個月後，美國將貿易黑名單擴大到包括中國幾家最重要的人工智慧新創公司，以及 20 個中國的警察單位或國安機構，因為他們的技術被用在針對維吾爾人和其他少數民族族群而導致侵犯了他們的人權。這次的禁令包括中國四家臉部識別的獨角獸公司中的三家，然後加上專門從事語音辨識系統的科大訊飛，以及另外兩家生產攝影機和其他監控硬體設備的公司。[243]

　　受新冠肺炎疫情影響，中美的緊張局勢明顯升級，而且大眾普遍意識到，過度依賴中國製造的商品可能會威脅美國取得關鍵戰略物資以及醫療保健用品與藥品的能力。曾被歷史學家尼爾‧弗格森 (Niall Ferguson) 在 2006 年稱為「中美共同體」（Chimerica）的現象，也就是在兩國之間的經濟合作與相互依賴的關係，甚至在疫情的危機發生之前就已經很明顯地逐漸降溫。如果緊張局勢進一步加劇，且兩國繼續漸行漸遠，以人工智慧的研發和應用為中心的衝突和競爭，將無法避免地發揮核心的作用。人工智慧是一項系統性的技術，同時也是一項戰略性技術，隨著這樣的事實越來越明顯，兩國之間全面展開人工智慧軍備競賽的可能性，可能成為真正的危險。

## 西方國家針對臉部辨識議題的爭論

　　2019 年 2 月時，美國印第安納州警方正在調查兩名男子在公園打架時發生的一起犯罪案件。其中一名男子掏出槍朝另一名男子腹部開槍，隨後逃離現場。一名旁觀整起事件的人，用手機將這起事件錄影記錄，因此州警探們決定試著將襲擊者的臉部圖像上傳到他們一直在實驗的一套新的臉部辨識系統中。系統立即就找到匹配的結果，槍手出現在社群媒體上發布的一段影片中，發文附上的描述文字也包括了他的姓名。整起案件只花了大約 20 分鐘就得到解決，而疑犯之前從未被逮捕過，甚至沒有駕照。[244]

這些警探透過一家名為 Clearview AI 的神祕公司所提供的手機應用程式與臉部識別系統互動。Clearview 的應用程式可取用的照片數據庫非常龐大。該公司並未依賴官方的政府照片，例如與護照、駕照或疑犯的大頭照相關的照片，而是簡單地在網路上搜索，並從 Facebook、YouTube 和 Twitter 等各種來源抓取公開可用的圖像。如果 Clearview 的系統找到匹配，應用程式會顯示連結到匹配照片在網路上出現的網頁或社群媒體資料的連結，這通常可以做到立即辨認。Clearview 打造的數據庫包括大約 30 億張抓取而來的圖像，是 FBI 所維護的美國公民官方照片數據庫的七倍多。這是一項了不起的成就，尤其是因為 Clearview AI 是一家小公司，它比中國的臉部辨識獨角獸公司小好幾個量級，而且，至少在 2020 年 1 月之前，在執法界以外幾乎完全不為人知。[245]

在那個月，《紐約時報》發表了科技記者卡斯米爾・希爾（Kashmir Hill）的重大調查報導，這篇報導深入探討了該公司的背景，並首次披露該公司的營運，讓其成為焦點。結果，Clearview 的領英頁面上列出的是一個不存在的紐約地址，而這家公司是由一位屢次創業、名叫宦孫至（Hoan Ton-That）的澳洲創業家於 2016 年創立。在其他資金上，這家新創公司也從矽谷風險投資家彼得・泰爾那裡獲得了 20 萬美元的種子資金。彼得・泰爾也是帕蘭泰爾的聯合創辦人，這是一家與安全機構和警察部門有著密切合作的數據分析和監控公司。

Clearview 聲稱它只向合法的執法機構或政府國安機構提供其技術。然而，理論上沒有任何事情可以阻止該公司最終向大眾公開其系統，從而引發大眾幾乎完全喪失匿名性的恐懼。一旦這項技術被廣泛使用，幾乎是任何地方的任何人，都可以立即被一個使用 Clearview 應用程式的隨機陌生人識別身分。確認某個人的名字後，要找到這個人的住家住址、工作地點和其他各種敏感資訊將是一件簡單的事情。不可避免的結果將導致跟蹤、勒索，幾乎是任何輕率的行為都可能被公開羞辱，還會造成其他無數不當行為的爆炸式增加。換句話說，美國的私營部門很可能會出現一個過度監視的反烏托邦，這可能比中國正在規劃的任何事情都更具侵入性和可怕性，且沒有任何政府單位的參與或監管。Clearview AI 的一些支持者似乎並不特別在意這種可能性。「我得出的結論是，由於資訊不斷增加，所以隱私永遠不會得到保障，」該公司的一位早期投資者告訴《紐約時報》，「法律必須判斷什麼是合法的，但你無法禁止科技。當然，這可能會導致一個反烏托邦的未來或其他可能性，但你無法禁止它。」[246]

《紐約時報》的文章引發了針對這家公司的爭議風暴的同時，也引起了駭客的注意，他們設法闖入了 Clearview 的伺服器，並取得了公司的付費客戶以及使用三十天免費服務方案試用這套應用程式的潛在客戶的完整清單。結果，Clearview 的用戶包括 FBI、國際刑警組織、美國移民和海關執法局、美國紐約南區檢察官辦公室等主要機構，以及全球數百個警察執法單位。雖然該公司聲稱它只與經過認證的執法機構合作，但這套應用程式已被百思買（Best Buy）、梅西百貨（Macy's）、來愛德（Rite Aid）和沃爾瑪等私人企業使用。更糟糕的是，有證據顯示私人企業的員工可能會在未經雇主授權的情況下使用該應用程式。《Buzzfeed》的一項調查發現，與家德寶（Home Depot）相關的五個帳戶使用這套應用程式進行了近 100 次的搜索，而家德寶的管理團隊卻聲稱完全不知道這件事。[247] 換句話說，這套技術的使用已經滲透到更廣泛的大眾領域了。

這些事件被廣泛討論而激起了強烈的反彈。幾週的時間內，Twitter、Meta 和 Google 都向該公司發出了禁制令，要求 Clearview AI 停止從這些公司的伺服器上抓取照片並立即刪除其數據庫中已有的任何圖像。[248] 到 2 月底時，蘋果禁用了 Clearview 在 iPhone 上的應用程式，因為該公司藉由繞過應用程式商店分發應用程式給其他企業而違反了蘋果的服務協議。[249]

此後不久，該公司即宣布終止所有與私人企業的授權協議，並將只和執法機構合作，但這被普遍認為是亡羊補牢。5 月時，美國公民自由聯盟（ACLU）對 Clearview 提起訴訟，並宣稱該公司的技術構成了「噩夢般的場景」，如果 Clearview 不停手，將會「終結我們現在所擁有的隱私」。[250] Clearview 繼續營運並聲稱其有權利在網路上搜索照片，並準備就取用照片一事與社群媒體公司進行法律對抗。

　　Clearview AI 提供了一個重要的警示故事，這不僅適用於臉部識別，而是適用在更廣泛的人工智慧領域上。只要運用如此獨特且強大的科技，就連最小規模的技術專家團隊、甚至是個人對社會或經濟造成的破壞，都有可能達到我們難以想像的規模。這樣的風險絕不僅限於監控技術，我們將在下一章進行更深入的探討。

　　鑑於對該公司的強烈反彈，Clearview 的野心似乎很可能會受到控制。然而，更普遍發生的事情是臉部辨識的使用，在整個西方社會中都在快速地加速發展，民主社會將越來越迫切地面臨到需要衡量價值觀的情況，並需要面對和這項技術被使用相關的倫理問題。倫敦是迄今為止監控最嚴密的西方城市，當地的人均監視攝影機數量比北京還多 [251]，並且於 2020 年初開始部署臉部辨識系統。倫敦警察廳表示，臉部辨識系統只會用於尋找「被指定」在觀察監視名單上的人，其中包括因嚴重犯罪或暴力犯罪而被通緝的人。然而，這套系統也可用於尋找失蹤的兒童和成人。[252]

　　在美國，有大約四分之一的警察部門可以使用臉部辨識技術。臉部辨識系統也在機場被廣泛使用，以搜索已知的恐怖分子或罪犯，並有越來越多的情況是用於在安檢過程中驗證身分。在大多數情況下，這些臉部辨識系統就和倫敦的系統一樣，僅用於識別在特定的觀察名單上的個人。然而，我們正逐漸接近 Clearview 的應用程式所預演的那種極度反烏托邦的可能性，如果是在這樣的情況下，這項技術幾乎可以用於識別任何人。根據喬治城大學法學院隱私與技術研究中心 2016 年的一項分析，FBI 所管理的照片數據庫大約有 1.17 億人的圖像，相當於美國成年人口數的一半。[253]有許多圖像來自各州轄區內的駕照照片，這包括所有持有州政府簽發身分證的居民，而不僅僅是因犯罪而被通緝或有犯罪記錄的人。不用說，這些個人並未被詢問是否同意將他們的照片放到資料庫中，他們也沒有辦法選擇要將自己的資料從這套系統刪除。

　　雖然這項技術對隱私的潛在威脅非常真實，我們仍然必須意識到正確且合乎道德地使用臉部辨識系統確實可以帶來顯而易見的好處。許多危險的罪犯都因使用這項技術而被逮捕。雖然在 Clearview 的情況下，我會說，隱私問題當然比任何這家公司的系統帶來的優勢都更重要，但 Clearview 的應用程式確實幫助逮捕了危險的罪犯，並且在識別性侵犯和兒童色情內容傳播者方面的成果上特別有效。在公共場所部署的臉部識別系統也確實能夠在降低犯罪率方面帶來益處。倫敦警察廳說：「我們都希望在一個安全的城市生活和工作，大眾理所當然地期望我們使用廣泛可用的科技來阻止犯罪分子。」[254] 這並沒有說錯。

　　事實上，在中國廣泛裝設的監視系統，雖然從西方的角度來看是種壓迫，但大多數的中國民眾並不一定會以負面的角度看待這件事。比方說，許多襄陽居民就都非常支持監視非法穿越馬路的系統，因為它確實有用，而且曾經危險的十字路口現在更有秩序了。我親自與一些住在中國的人談過，我不只一次觀察到的結果是，他們對遠離犯罪的安全感提升了，特別是年幼孩子的父母。我們不應該低估這一點的潛在重要性。大多數人都高度重視自己所在鄰里的安全，而這也與身心都更健康相關。在許多情況下，中國在這方面可以說是優於美國的。

　　安全的環境對兒童尤其重要。作家兼紐約大學的教授強納森・海德特（Jonathan Haidt）一直大力倡導「放養」的育兒方式。海德特認為，在美國，我們已經創造了一種文化，這種文化越來越過度保護兒童，其可能導致的風險是剝奪了他們獲得在不被監督的情況下體驗的重要機會，這些體驗將有助於他們成長為自信的成年人。對於大多數美國的父母來說，允許年幼的孩子在沒有大人監督的情況下步行上學或在附近的公園玩耍，這些想法是可怕的，而且在某些地方可能是違法的。我推測中國的幼兒並沒有特別意識到歐威爾主義形式的國家過度擴張。然而，他們確實知道，他們可以走路上學或在公園裡玩耍。如果中國壓迫性的監視系統，至少對中國最年輕的公民來說，最後反而為他們帶來希望，那就太諷刺了。假以時日，這實際上可能有助於培養一個更具冒險精神和創新精神的年輕人世代。沒有人希望在美國使用中國的系統，但就基於人工智慧的監控技術可以降低犯罪率並創造更安全的環境而言，我們應該仔細衡量這之間的權衡取捨。

雖然臉部辨識可以為社會帶來真正的益處，但公平地使用這項技術並且對不同的人口族群造成的影響必須是公平的，這一點很重要。然而，這裡的主要問題是，在許多研究中，臉部辨識系統一直都對種族和性別有一定程度的偏見。先說清楚，這與專為尋找維吾爾人而設計的演算法完全不同，這裡指的是用於訓練深度學習演算法的數據庫，都以白人男性臉孔為大宗。在某個常用於訓練的數據庫中，使用的臉孔資料有 83％是白人，而且 77％是男性。[255] 這個問題通常會使非白人和女性的臉孔出現「假陽性」的可能性增加，換句話說，有色人種和女性更有可能產生不正確的比對結果。

2018 年時，美國公民自由聯盟將美國國會所有 538 位議員的照片與一個大型數據庫進行了比對，這些數據庫中的資料都是被逮捕者被捕時所拍攝的照片。美國公民自由聯盟使用了亞馬遜的 Rekognition 人臉辨識系統，這套系統因為成本非常低而越來越受警察部門歡迎。這個實驗只花費了 12 美元，而這套系統將 28 名國會議員標記為被逮捕者，因為他們的照片包含在大

頭照的數據組中。我們假設被逮捕的人實際上並沒有當選為眾
議院或參議院議員，那這些就都是偽陽性的結果。除了錯誤率
很高之外，另一個主要的問題是系統產生的偽陽性嚴重偏向在
非白人的國會議員身上。有色人種議員約占國會的 20％，但他
們在不正確的比對中占了 39％。針對這項研究，亞馬遜則是認
為美國公民自由聯盟在使用系統時設定上有錯誤，因為美國公
民自由聯盟使用了預設的 80％可信度閾值進行比對，而不是更
合適的 95％可信度閾值。對此，美國公民自由聯盟則指出，亞
馬遜沒有提供如何正確設定系統的具體說明，許多警察部門可
能因此都會依照預設的設定來使用系統。[256]

　　美國商務部的下屬機構國家標準暨技術研究院（NIST）在
2019 年進行了一項更為全面的研究。該機構檢視了 99 家不同
公司所開發的 189 套臉部辨識系統。[257] 結果發現，幾乎在所有
情況下，歐洲臉孔的偽陽性機率最低，非洲與亞洲臉孔的明顯
較高；預料得到的例外是由中國公司開發的演算法，它們對東
亞人臉孔產生的比對結果最準確。這些系統對於男性臉部辨識
的準確度通常也高於女性，但是幅度小於不同種族的差異。

　　種族間準確度的差異非常大。舉例來說，某個黑人面臨誤
判的可能性是某個白人的一百多倍。換句話說，某個非裔美國
人被錯誤地標記為潛在犯罪者並因此造成不便、被問話甚至導
致被拘留的可能性，有可能是某個白人的一百倍。基本上，這
相當於非裔美國人在現實生活中已經很熟悉的場景在數位環境

中再度上演；例如在現實生活中，他們經常被零售店的保安人員跟蹤或被商店的售貨員過度關注。

理論上，這個問題應該可以透過在訓練的數據組中放進更多不同的臉孔來解決。然而，開發臉部辨識系統的公司往往難以找到經過合理手段且經過同意而取得的非白人臉部高畫質圖像，或者換句話說，不使用類似 Clearview 那樣從網路上抓取圖像之類的技術就別無辦法了。[258] 這個問題的解決方案有時反而又引起自己的問題，而在這個領域，願意突破道德界限的公司有時可能會獲得優勢。2018 年時，中國的獨角獸公司雲從科技與辛巴威政府簽訂了一項備受爭議的協議，為該國建立一套全面性的臉部辨識系統。作為協議的一部分，雲從科技將獲得辛巴威公民照片的使用權限，並將能夠使用它們來訓練其機器學習演算法。由此所產生的系統可能會部署在世界任何地方，當然，無須辛巴威公民知情且同意。[259]

諸如此類的問題以及 Clearview 的狀況都顯示出臉部辨識不能由不受監管的私人企業所掌握。對該技術一定要有所規範與監管。如果《紐約時報》沒有揭露這家公司，那麼，Clearview 的技術可能會在人們普遍意識到它所代表的隱私威脅之前，就在不受到任何監督的情況下影響大眾。我們最起碼需要明確的規範來保障使用的任何演算法的公平性，以及防止監控系統被以威脅大眾隱私的方式使用的保障措施。

在缺乏通用標準的情況下，舊金山等某些司法管轄區已主動全面禁止警察部門和當地政府使用臉部辨識技術。然而，這並沒有影響到私人企業，和在中國一樣，臉部辨識被大型住宅開發項目用來當作出入機制的情形也變得越來越常見。部分居民已提起訴訟，認為這侵犯了他們的隱私。此外，零售商店也可以在幾乎沒有限制的情況下部署這項技術。顯然，我們需要國家層級的監管來定義一套基本規則，這些規則必須適用於大眾或私人企業所使用的系統。對於隱私、監控和公共安全的重要性，各方的態度都不相同，各個國家、地區和城市似乎很可能會就臉部辨識與其他以人工智慧為基礎的監控技術的風險價值論點，做出不同的權衡。在民主社會中，應該有一個可以接納大眾意見的透明過程，而且，這項技術必須被一套保護所有相關人員權利的基本原則約束。

＊＊＊

隨著人工智慧技術的不斷進步，與中國之間興起人工智慧軍備競賽的可能性非常大，對個人隱私造成侵犯與導致新歧視的威脅雖然將是前所未見的，但這些只是新興的風險中的一小部分。在下一章，我們將更廣泛地探討一些人工智慧的本質所伴隨的風險，並討論需要我們立即關注的風險，以及那些目前還只具推測性且只有在遙遠的未來才可能會出現的擔憂。

第八章
# 人工智慧的風險

　　現在是 11 月初，美國總統大選的前兩天。民主黨的候選人在她政治生涯的大部分時間，都在為促進公民權利與強化對邊緣化社群的保護而奮鬥。她在這些議題上的歷史似乎無可挑剔。因此，當一段號稱是這位候選人私下談話的錄音檔出現，然後立即在社群媒體上發酵開來時，是多麼讓人感到震驚。在談話中，這位候選人不僅使用了明顯種族主義的語言，她還公開承認、甚至笑著說她畢生都成功隱藏了自己的偏見。

　　在這段音檔出現後的一個小時內，該候選人就強力地否認其真實性。沒有一個認識她的人相信這句話可能出自她的口中，有幾十個人挺身而出支持她。然而，任何一個選擇相信她的人都必須面對一個非常令人不安的現實：那就是她的聲音。或者至少對幾乎任何人的耳朵來說，似乎都是這位候選人在說話。音檔中說某些字詞與片語的獨特方式，以及講話的節奏，似乎都無法否認屬於大多數人期望很快將當選美國總統的女性。

　　隨著這段錄音在網路上造成轟動，並在有線電視上反覆播放，社群媒體的世界也充滿了混亂和憤怒。在獲得提名之前，這位候選人經歷了一場險惡的初選，而現在，某些來自對手陣營的憤怒支持者開始呼籲她退出選舉。

　　她的競選團隊立即聘請了一個專家小組來獨立審查這個音檔。經過一天的深入分析後，他們宣布這個錄音檔很可能是深偽技術的成果，這是由機器學習演算法生成的音檔，這些演算法已用該候選人說話的範本做了大規模的訓練。多年來，一直有人提出關於深偽技術的警告，但到目前為止，它們都很初級且很容易被識破。但是這個例子不同，很明顯地，這項技術的成熟度已有了顯著的成長。即使是專家小組也無法絕對斷定這個音檔是真是假。

　　根據專家小組的判定，競選陣營成功刪除了大部分在網路上流傳的音檔。然而，已經有幾百萬人聽到了這些話。隨著選舉日的破曉，一系列的關鍵問題也浮上檯面：聽到錄音檔的每個人都知道它很可能是假的嗎？那些被告知錄音是捏造的選民能否設法以某種方式「忘記」那些已經不可磨滅地刻在他們記憶中的惡毒話語，尤其是，萬一他們碰巧屬於在談話中被針對的族群呢？這段音檔會降低民主黨候選人票倉地區的投票率嗎？如果她輸了，大多數美國人會覺得選舉「遭竊」了嗎？接下來事情會如何發展？

　　雖然上述情境很顯然是虛構的，但實際上，我所描述的事情是有可能發生的，而且也許短短幾年內就會發生。如果你對此感到懷疑，請想想 2019 年 7 月，網路安全公司賽門鐵克（Symantec）透露，有三家未具名的公司已被使用聲音深偽技術的犯罪分子騙走了幾百萬美元。[260] 在這三個案例中，犯罪分子都透過人工智慧生成公司執行長聲音的音檔，來捏造電話命令財務人員將資金轉移到非法的銀行帳戶。這些執行長就和上面想像情境中的總統候選人一樣，通常在網路上都擁有豐富的聲音數據，這包括演講、上電視節目的片段等，都可用於訓練機器學習演算法。因為這項技術尚未達到可以產出真正高品質音檔的程度，因此在這些案件中，犯罪分子都故意加上例如交通等背景噪音來掩蓋缺陷。然而，在未來幾年，深偽技術的品質肯定會大幅提升，最終可能會達到幾乎無法區分真假的地步。

　　惡意使用深偽技術不僅可以生成音檔，還可用於生成照片、影音甚至是連貫性的文章，而這只是我們在人工智慧發展過程中所面臨的其中一個重要風險。在前一章中，我們討論了使用人工智慧的監控與臉部辨識技術如何破壞個人的隱私權，並將我們帶往歐威爾式的極權未來。在本章中，我們將探討伴隨著人工智慧變得越來越強大可能出現的其他問題。

## 哪些是真的，哪些是假的？
## 深偽技術與對安全造成的威脅

　　深偽技術通常源於深度學習中的一項創新，這項創新被稱為「生成對抗網路」（generative adversarial network，GAN）。生成對抗網路會在某種遊戲競賽中使用兩組相互競爭的神經網路，然後這會不斷驅動系統生成更高品質的模擬素材。例如，設計用於生成假照片的生成對抗網路，將會包含兩個整合的深度神經網路，第一個網路稱為「生成器」，用於生成偽造的圖像，第二個網路透過由真實照片組成的數據組做訓練，稱為「辨識器」。生成器合成的圖像會與實際照片混合後餵給辨識器。這兩個網路將持續互動並展開一場競賽，其中，辨識器會辨識生成器生成的每張照片以判斷它們的真假。生成器的目標是嘗試用偽造的假照片來騙過辨識器。隨著這兩個網路繼續他們反覆的競爭，圖像的品質也越來越好，直到最後，系統會達到某種平衡，這時，辨識器幾乎只能用猜的來判斷它所分析之圖像的真實性。這套技術可以製造出非常令人印象深刻的虛構圖像。在網路上搜索「生成對抗網路假的臉孔」，你會找到許多高畫質的範本，這些圖像的主角都是完全不存在的人。如果你試著用辨識器的角度來看，你會發現這些照片看起來完全像是真實的圖像，但它們是一種假象，是從數位乙太網路中召喚出來的渲染結果。

　　生成對抗網路是由蒙特婁大學的研究生伊恩‧古德費洛（Ian Goodfellow）所發明的。2014 年的一個晚上，古德費洛和他的幾個朋友去了當地的一家酒館，他們討論到打造可以生成高畫質圖像的深度學習系統會碰到的問題。在喝了不知道多少啤酒後，古德費洛提出了生成對抗網路背後的基本概念，但受到了其他人很大的質疑。之後，古德費洛一回到家立即就開始寫程式。幾個小時內，他就有了第一個功能強大的生成對抗網路。這個成就將使古德費洛成為深度學習社群中的傳奇人物。Meta 首席人工智慧科學家楊立昆表示，生成對抗網路是「深度學習領域過去二十年來最酷的概念」。[261] 古德費洛在蒙特婁大學完成博士學位後，加入 Google Brain 與 OpenAI 工作，他現在則是蘋果的機器學習總監。他也是大學使用的深度學習教科書的主要作者。

　　生成對抗網路可以有許多正面的應用方式。特別是其所合成的圖像或其他媒體素材可以用作其他機器學習系統訓練的數據。例如，透過生成對抗網路所創造的圖像可用於訓練自動駕駛汽車上所配備的深度神經網路。也有人建議，使用合成的非白人臉孔來訓練臉部識別系統，當無法用合乎道德的手段取得足夠數量且真實的有色人種的高品質圖像時，這可以作為克服種族偏見問題的一種方法。當應用於語音合成時，生成對抗網路可以幫助失去說話能力的人用電腦產出的替代品表達，而且聽起來就像是他們自己的聲音。已故的史蒂芬‧霍金因肌萎性脊髓側索硬化症（俗稱漸凍人症）的神經組織退化疾病而失去聲音，他就以使用特別的電腦合成聲音說話而聞名。最近，漸凍人症患者，例如美國國家美式足球聯盟球員提姆‧蕭（Tim Shaw）也透過在疾病發病前錄製的音檔來訓練深度學習系統，藉此得以重新使用他們天生的聲音。

　　然而，惡意使用該技術的可能性是不可避免的，而且證據顯示，對於許多精通這項技術的人來說，這也是無法抗拒的。
大量可取得的、因為幽默或教育意圖所創造的深偽技術影片，
同時也示範了這項技術可能被如何利用。你可以找到許多知名
人士的假影片，像是馬克‧祖克伯格說出他可能永遠（或至少
在公開場合）不會說出口的話。最著名的一個例子是演員兼喜
劇演員喬丹‧皮爾（Jordan Peele）與《Buzzfeed》共同創作的影
片，他以模仿美國前總統巴拉克‧歐巴馬（Barack Obama）的
聲音而聞名。皮爾的公共服務影片的目的，是讓大眾意識到深
偽技術迫在眉睫的威脅，在影片中，歐巴馬說：「川普總統完
全就是一個笨蛋」。[262] 在這個例子中，影片使用的聲音是由皮
爾模仿歐巴馬說話，所使用的技術是使用現成的影片操控歐巴
馬總統的嘴唇，使其與皮爾的說話同步。最終，我們可能會看
到類似這樣的影片，而且就連聲音也是由深偽技術所創造的。

　　有一種特別常見的深偽技術是可以將一個人的臉孔在數位
上置換到另一個人的真實影片中。根據提供檢測深偽工具的新
創公司 Sensity（原名 DeepTrace）的數據，2019 年至少有 1 萬
5 千個經過深度偽造的假素材在網路上發布，比前一年增加了
84%。[263] 其中，有整整 96% 都和色情圖片或影片有關，在這些
素材中，名人（幾乎總是女性）的臉被移植到色情演員的身體
上。[264] 雖然像泰勒絲（Taylor Swift）和史嘉蕾‧喬韓森（Scarlett
Johansson）這類的名人一直是這些假素材的主要目標，但這種
數位虐待（digital abuse）最終將可能針對幾乎任何人，尤其是

隨著技術的進步與製作深度偽造的工具變得越來越容易取得與使用。

　　隨著深偽技術的品質不停提升，偽造的音檔或影音媒體具有真實破壞性的可能性，似乎是不可避免的威脅。正如本章開頭虛構的故事，只要一個可信度夠高的深偽素材，就可以真實地改變歷史發展的曲線，製造這種捏造素材的方法可能很快就會掌握在情資間諜、外國政府、甚至帶有惡意的青少年手中。這不只是政客和名人需要擔心的問題。在網路爆紅影片、社群媒體羞辱和「取消文化」（cancel culture）抵制行為當道的時代，幾乎任何人都可能成為攻擊的目標，而且任何人的職涯和生活都可能被深偽技術摧毀。由於美國有著種族不公的歷史，很可能特別容易受到精心策劃的社會和政治分裂影響，我們都見證了拍攝警察暴行的熱門影片幾乎可以立即引起大規模的抗議和社會動盪。不無可能的是，在未來的某個時候，也許是外國的情報機構，可能會合成一段極具煽動性的影片，而這個影片可能會破壞我們的社會結構。

　　除了以攻擊或破壞為目的的影片或音檔之外，對於那些只想獲利的人來說，這提供了幾乎無窮無盡的非法機會。犯罪分子會急於將這項技術用於包括從金融與保險欺詐，到股票市場操縱等幾乎所有事情上。某家公司的執行長做出虛假陳述或怪異行為的影片都可能導致公司的股價暴跌。深偽技術也將衝擊法律系統。捏造的素材很可能被列為證據，法官和陪審團最終也許會活在一個很難、甚至不可能知道他們眼前所見是否真實的世界。

可以肯定的是，有一些聰明的人正在致力於提出解決方案。例如，Sensity 公司所銷售的軟體據稱可以檢測到大多數深偽技術所產出的素材。然而，隨著這項技術越來越進步，無法避免地將會出現一場沒有終點的競賽，這跟創造新電腦病毒的人與銷售軟體來抵抗的公司之間的競賽沒什麼不同，但是在深偽技術的競賽中，惡意操作者可能總是會有多一點優勢。伊恩・古德費洛認為，我們無法用「檢查像素」來判斷一張圖是真的還是假的。[265] 我們最後將不得不仰賴例如照片和影片的數位簽章之類的身分驗證機制。也許有一天，每台相機和手機都會為它所拍攝的每個媒體檔案附上一個數位簽章。新創公司 TruePic 的一款應用程式就具備這種功能。這家公司的客戶包括大型的保險公司，這些公司需要透過客戶寄來的照片，來記錄包括建築物、珠寶到昂貴飾品等所有物品的價值。[266] 但古德費洛仍然認為，對於深偽技術的問題，最終可能不會有一個安全無虞的技術解決方案。我們將不得不以某種方式學會在一個新的、前所未有的現實世界中找到方向，在這個世界中，我們看到和聽到的，永遠都有可能是一個假象。

雖然深偽技術的目的就是要騙過人類，但與此相關的一項問題是惡意捏造數據以欺騙或控制機器學習演算法。在這些「對抗式攻擊」（adversarial attacks）中，專門設計過的輸入資料會導致機器學習系統出錯，從而達成攻擊者所需的輸出結果。在機器視覺的情況中，這包括在視野中放置一些會導致神經網路曲解圖像的東西。在一個著名的例子中，研究人員拍了一張熊貓的照片，而深度學習系統以大約 58％的置信度正確識別了這張照片，但這張照片在加上精心設計的視覺雜訊（visual noise）後就騙過了系統，最終系統以超過 99％的確定程度將熊貓辨識為長臂猿。[267] 還有一項令人不寒而慄的演示發現，只要簡單地在停車標誌上加上四個小小的黑色和白色矩形貼紙，就可以欺騙自動駕駛汽車所使用的圖像識別系統，使其相信停車標誌是每小時 45 英里的速限標誌。[268] 這也代表對抗式攻擊很容易造成生死攸關的後果。在這兩種情況下，人類的觀察者甚至可能不會注意到被偷偷加到圖像上的資訊，當然也不會因此而混淆。我認為這是對當今深度神經網路東拼西湊的理解究竟有多膚淺和脆弱特別生動的證明。

　　人工智慧研究領域也很認真看待「對抗式攻擊」的問題，並將其視為一個嚴重的缺陷。事實上，伊恩・古德費洛的大部分研究生涯都致力於研究機器學習系統的安全問題和開發潛在的保護措施。要打造強大到足以抵抗「對抗式攻擊」的人工智慧系統並不容易。有一種作法和所謂的「對抗式學習」有關，也就是刻意在訓練數據中放進對抗式攻擊的範例，希望在系統部署好後，神經網路能夠意識到可能發生的攻擊。然而，與深偽技術的問題一樣，對抗式攻擊可能注定會引發一場長期性、看不到終點的競賽，且攻擊者在這場拉鋸中往往占有優勢。古德費洛也指出，「目前還沒有人設計出真正強大且可以抵抗各種對抗式範例攻擊的防禦性演算法（defense algorithm）」。[269]

對抗式攻擊主要是針對機器學習系統，但它們將成為網路犯罪分子、駭客或外國情報機構可以利用的電腦漏洞清單中更加重要的選項。隨著人工智慧的使用日益普及，以及物聯網導致設備、機器和基礎建設之間互相連結的狀況越來越多，安全性的問題將變得更加重要，且網路攻擊幾乎一定會變得更頻繁。人工智慧更廣泛地被應用勢必將使系統變得更加自動化，導致參與整個流程的人員變得更少，這些系統也將因此成為對網路攻擊而言越來越有吸引力的目標。想像一下，有一天自動駕駛卡車能運送食品、藥品和重要物資，而一次成功的網路攻擊，例如使這些車輛停止運作，甚至是造成嚴重的延誤，很容易就能帶來危及生命的後果。

所有這一切的結果是，隨著人工智慧的可用性越來越高，以及我們對人工智慧的依賴日益增加，系統性的安全風險也將同時出現，這對重要的基礎建設與系統、社會秩序、經濟體系、民主制度都將造成威脅。我認為在與人工智慧崛起相關的風險中，安全風險是短期內最重要的危險。出於這個原因，我們必須投資以打造強大人工智慧系統為主要目標的研究，政府與商界也必須建立有效的合作，以在關鍵漏洞被利用前制定出適當的法規與保障措施。

## 致命性自動化武器

幾百架微型無人機集體出現在美國國會大廈裡，然後一起進行攻擊。這些無人機都配置臉部辨識技術，辨識出特定的個人後，它們以高速直接飛向那些人並發射效果如同子彈的小型炸藥，來進行有針對性的自殺性暗殺。國會大廈一片混亂，而事後大家發現，所有成為目標的國會議員都屬於同一個政黨。

這只是在 2017 年的短片《殺戮機器人》（*Slaughterbots*）中所描繪的一個令人顫慄的場景。[270] 這部短片是由一個與加州大學柏克萊分校電腦科學教授斯圖爾特・羅素合作的團隊所製作的，目的是要警告致命性自動化武器的威脅已經逼近。羅素近期大部分的研究都集中於人工智慧在進步的過程中固有的風險上。羅素認為，被聯合國定義為能夠「在不被人為干預的情況下定位、選擇和消滅人類目標」的致命性自動化武器，應該要歸類為新型大規模毀滅性武器，換句話說，這些人工智慧武器系統，最終可能具有像化學、生物甚至核能軍備一樣的破壞性與顛覆性。

這個論點主要建立在一旦這些武器不受人類直接管制且無須經過人類授權殺戮，其所能釋放出的破壞力規模將具有高度擴展性。任何無人機都有可能被用作武器。你可以同時啟動數百架無人機，如果它們是透過遠程控制的，還是會需要幾百個人來操控這些裝置。然而，若這些無人機完全自動化，只需要一個小團隊就可以部署大量的攻擊，發動難以想像的大屠殺。羅素告訴我，「某個人可以下令攻擊，然後在控制室的五個人就能發射一千萬件武器，消滅某個國家所有 12 歲至 60 歲的男性。因此，這些自動化武器很可能成為大規模毀滅性武器，而且其殺傷力具有可擴展性」。[271] 鑑於臉部辨識演算法能夠根據種族、性別或衣著進行歧視性的辨識，我們很容易想像一些非常令人不寒而慄的場景，包括自動化的種族清洗或以過去難以想像的殘忍度和速度對政治對手進行大規模暗殺。

即使我們可以完全不考慮真正反烏托邦的可能性，並假設這項技術將嚴格限制只能用於合法的軍事行動，自動化武器也會引發嚴重的道德問題。賦予機器可以獨立殺人的功能，這在道德上是否能夠被接受，即使這樣做可能會提高針對特定目標的效率並降低對無辜旁觀者造成附帶損害的風險？在沒有直接人為控制的情況下，如果發生錯誤導致有人員傷亡的話，該由誰承擔責任？

人工智慧研究人員正在努力研發的技術可能被應用在此類武器中的風險，讓許多研究人員因此燃起很大的熱情去改善這件事，目前有超過 4,500 位個人以及數百家公司、組織和大學都簽署了公開信，宣布他們永遠不會開發自動化武器，並呼籲全面禁止自動化武器技術。聯合國的《特定常規武器公約》（*Convention on Conventional Weapons*）正在審議一項提案，內容是以大致如同化學和生物武器已被禁止的方式，禁止全自動化殺人機器，但是進展非常緩慢。根據以推動聯合國禁令為目標的「阻止殺手機器人運動」（Campaign to Stop Killer Robots），截至 2019 年，主要有 29 個較小或發展中的國家已正式出面呼籲完全禁止自動化武器技術。然而，主要的軍事強國並未加入。唯一的例外是中國，該國在「希望只禁止實際使用這些武器，但允許開發和生產」的前提下進行了簽署。[272] 美國和俄羅斯都反對這項禁令，因此這些武器似乎不太可能很快被完全禁止。[273]

我的看法比較悲觀。在我看來，主要國家之間競爭的變化和缺乏信任，有可能會讓完全自動化武器的發展成為必然。事實上，美國軍隊的各個部門以及包括俄羅斯、中國、英國和韓國在內的國家，都在積極開發具有群體行動能力的無人機。[274] 美國陸軍正在部署看起來像是小型坦克的武裝機器人[275]。美國空軍據說正在開發能在空戰中擊敗由人類駕駛的飛機、無人駕駛的人工智慧戰鬥機。[276] 中國、俄羅斯與以色列等國也在部署或開發類似的技術。[277]

到目前為止，美國和其他主要軍事強國已承諾，機制上一定會將人納入自動化武器的流程中，並且在這些機器進行可能奪走性命的攻擊之前，需要經過特定的授權。然而，現實狀況是，在戰場上完全自動化會帶來龐大的戰術優勢。沒有任何人能夠以媲美人工智慧的速度做出反應和做決策。只要有一個國家打破目前對完全自動化武器的非正式禁令，並開始部署這些功能，任何相互競爭的軍隊都不可避免地必須立即跟進，否則就會發現自己已處於嚴重的劣勢。這種對落後的恐懼可能是美國、中國和俄羅斯都反對正式禁止自動化武器系統的開發和生產的主要原因。

　　我認為我們可以透過觀察另一種類型的戰爭來了解事情將會如何發展。這場戰爭是由人工智慧所驅動的華爾街交易系統之間的持續競爭。現在，透過演算法的交易在主要證券交易所每天的交易中已經是大宗，占美國總交易量的80％。早在2013年時，一群物理學家研究了金融市場，並在《自然》期刊上發表了一篇論文，宣稱「有一種以掠奪性演算法競爭的機器人群體的新興生態」存在，而且演算法交易的進步程度可能已經超出了設計系統的人類的控制甚至是理解。[278] 這些演算法現在結合了人工智慧的最新技術，它們對市場的影響急劇增加，而且它們互動的方式變得更令人難以理解。例如，許多演算法能夠直接取用《彭博社》和《路透社》等公司提供之機器可讀的新聞來源，然後在幾分之一秒內參考這些資訊來進行交易。當談到短期操作的即時交易時，已經沒有人能夠理解正在發生的事情的細節，更不用說試圖超越演算法了。我猜測，許多會發生在戰場上變幻莫測的衝突最終也會是一樣的情況。

　　即使自動化的戰爭科技完全只由主要的軍備強國使用，危險也是非常真實的。展開一場機器人戰爭的速度可能快過軍事或政治領導人完全理解局勢或緩和局勢的能力。換句話說，由相對較小的事件而造成重大戰爭的風險可能會大幅增加。另一個令人擔憂的事情是，在一個由機器人與機器人作戰，且幾乎沒有任何人的生命立即受到威脅的世界裡，參戰的感知成本可能會變得低到令人不安。這在美國已經稱得上是一個問題了。軍隊從徵兵制改成全志願役的募兵制後，精英階層很少會送他們的孩子去軍隊服役，而這帶來的結果是，戰爭對那些擁有最多權力的人卻最無關痛癢，軍事行動往往不會對他們直接造成個人損傷。我懷疑這種脫節很有可能造成了美國對中東數十年來的長期戰事。可以肯定的是，如果一台機器能減少傷害從而保住一名士兵的生命，那無疑是件好事。但我們得非常小心，不要讓低風險的感知影響了我們在決定開戰時的集體判斷。

最大的危險在於，一旦這些武器被生產出來後，合法的政府和軍隊可能無法維持對這些致命自動化科技的管制。在這種情況下，這些武器最終可能會被非法軍火商交易，這些商人會將機關槍或其他小型武器送到恐怖分子、傭兵或流氓政權手中。如果自動化武器變得普遍可取得，《殺戮機器人》影片中描繪的噩夢場景很容易變成現實。就算這些武器無法被有心人士購買，開發這項技術的障礙也遠低於開發其他大規模毀滅性武器。特別是在無人機的例子中，那些用於商業或娛樂、易於獲得的技術與零件可能會被武器化。即使某個民族國家擁有一切資源，想要製造核武仍是巨大的挑戰，但是設計和打造一小群自動化無人機，可能只需要幾個人在地下室工作就可辦到。就像病毒一樣，自動化武器技術一旦外流就很難被防止或遏制，而這很可能會造成動盪。

　　有個常見的錯誤是將對致命性自動化武器的恐懼，與我們在像是《魔鬼終結者》等電影中看到的科幻場景混為一談，這有時來自媒體的聳動報導。這分散了我們對此類武器在短期內可能造成之危險的注意力。我們所面臨的風險不在於機器會以某種方式擺脫人類控制，並以自己的意志決定要攻擊我們；這需要人工通用智慧才能實現，而正如我們探討過的，人工通用智慧可能至少要在幾十年後才會存在。我們必須擔心的是人類將如何利用那些「智慧」比不上 iPhone，卻擁有能力可以無情地辨識、追蹤和殺死目標的武器。這絕不是只針對未來的擔憂。正如斯圖爾特・羅素在《殺戮機器人》結尾所說的，這部影片戲劇化了「將我們已經擁有的科技整合與使其微型化的結果」。也就是說，這些武器很可能在未來幾年內就會出現，如果我們想防止這種情況發生，「採取行動的門很快就會關上」。[279] 鑑於聯合國可能不會很快通過這項武器的全面禁令，國際社會應該至少聚焦在確保恐怖分子或其他可能針對平民使用此類武器的非政府組織永遠無法取得此類武器。

## 機器學習演算法中的偏見、公平性和透明度

　　由於人工智慧和機器學習的應用越來越普遍，這些演算法產生的結果和建議必須要讓人感覺是公平的，並且背後的理論

依據必須可以被合理解釋，這件事很重要。如果你是使用深度學習系統來最大化某些工業機器的能源效率，你大概不會特別關心促成演算法運算結果的細節，你只想要最優化的結果。但是，當機器學習被應用於刑事司法、聘僱決策或房屋抵押貸款申請等會直接影響人類權利和未來福祉的高風險決策時，演算法運算結果能夠證明對不同人口群體沒有偏見，且產生這些結果的分析是透明與公正的，就很關鍵了。

偏見（bias）是機器學習常有的問題，在大多數情況下，問題的出現是因為用於訓練演算法的數據存在著問題。我們在前一章已經看到，西方國家所開發的臉部辨識演算法通常對有色人種有偏見，因為訓練的數據集中通常絕大多數的資料都是白人的臉孔。還有個更普遍的問題，那就是用於訓練演算法的大部分數據都直接來自人類的行為、決策和行動。如果生成這些數據的人有某種偏見，例如種族或性別偏見，那麼，這種偏見將自動被收入在訓練用的數據集中。

舉例來說，想像某套被設計來篩選某個大企業公開徵才收到的履歷的機器學習演算法。這套系統被訓練的方式，很可能是根據過去從相似職缺的申請人那裡收到的所有履歷的全文，以及聘人的主管針對這每一份簡歷所做的決策，來進行訓練。機器學習演算法將處理所有數據，並且理解與消化這些履歷的條件，這可能促成求職者獲得面試的決策，也可能得出求職者不被納入考慮、應該被拒絕的建議。能夠有效執行這項任務，並將評分最高的候選人整理成易於管理的名單的演算法，將幫助人資部門在篩選幾百或幾千位求職者時省下大量時間，出於這個原因，這種履歷篩選系統變得相當受歡迎，尤其是大公司。然而，假設用來訓練演算法的聘僱決策反映了招聘主管在某種程度上公開或潛意識的種族主義或性別歧視，機器學習系統將在訓練過程中自動吸收這樣的偏見。創造演算法的人沒有惡意，但是訓練的數據存在著偏見。結果就是系統將延續或甚至放大現有人類偏見，並且明顯對有色人種或女性不公平。

　　2018 年，亞馬遜就發生了與此非常相似的事件，當時該公司停止了某套機器學習系統的開發，因為這套系統在篩選技術職位的履歷時展現出對女性的偏見。結果證明，當履歷中包含「女性」一詞，例如提及女性的社團或運動，或者當候選人從女子大學畢業時，系統就會給這份履歷一個較低的分數，讓女性求職者處於不利的地位。即使亞馬遜的開發人員針對發現的特定問題進行了更正，也無法保證該演算法毫無偏見，因為其他的變數也可能是暗示性別的詞。[280] 需要注意的是，這並不一定代表在此之前的聘僱決策有明顯的性別歧視。這套演算法可能只是因為女性在技術職位中的代表性不足，男性在技術職位的聘僱中占絕大多數，而被訓練成帶有偏見。亞馬遜聲稱這套演算法從未跨出開發階段，也從未真正用於篩選履歷，但是如果它真的被採用，無疑將強化女性在技術性工作中代表性不足的問題。

　　當機器學習系統被用於刑事司法系統時會出現更具風險的情況。這種演算法通常用於協助做出保釋、假釋或量刑的決策。在這當中，有些系統是由州政府或地方政府開發，其他則是由私人公司設計並銷售。2016 年 5 月，非營利媒體《Propublica》發表了被稱為「COMPAS」的演算法的分析，這套演算法普遍被用於預測特定的個人在獲釋後再犯的可能性。[281] 分析結果提出，非裔美國人被告被不公平地配置了比白人被告更高程度的再犯風險。《Propublica》的文章描述了一個 18 歲的黑人婦女的故事，她騎著一輛對她來說尺寸太小的兒童自行車，她只騎了一小段路，就因為車主反對而拋棄了自行車。這看起來更像是惡作劇行為，而不具有嚴重的竊盜意圖。儘管如此，這名年輕女子還是被捕了，當她被關進監獄等待出庭時，COMPAS 系統被使用於她的案件上。結果，與一名 41 歲的白人男性相比，這套演算法算出她再次犯罪的風險更高，儘管該白人男性之前已經因持械破門竊盜而被判刑並曾入獄五年。[282] 銷售 COMPAS 系統的公司 Northpointe 對《Propublica》的分析提出質疑，這套系統實際上的偏見程度有多嚴重也持續引發爭論。特別令人擔憂的是該公司不願分享其演算法的運算細節，因為這些細節對公司來說是專利。也就是說，第三方無法對這套系統的偏見或準確性進行詳細的審查。很明顯的是，當使用演算法系統來做出對人命極其重要的決策時，將需要更透明與更多的監管。

　　雖然用來訓練的數據存有偏見是導致機器學習系統不公平

最常見的原因，但它並不是唯一的影響因素。演算法本身的設計也可能造成偏見或放大偏見。例如，假設有一套臉部辨識系統使用一組完全反映美國人口分布的資料來進行訓練。由於非裔美國人僅占美國總人口的 13％左右，因此這套系統最終仍可能對黑人產生偏見。這個問題的嚴重程度，以及問題是被放大還是被減輕，將取決於演算法的設計所使用的技術決策。

　　好消息是，設計公平且透明的機器學習系統已成為人工智慧研究領域的主要焦點。所有主要的科技公司都在這方面上進行了大量的投資。Google、Meta、微軟和 IBM 都發布了軟體工具以幫助開發人員將公平性加到機器學習演算法的設計中。使深度學習系統可被解釋且具備透明性，以便其產出的結果可以被檢視，是一個特殊的問題，因為深度神經網路往往是某種「黑盒子」，輸入的數據的分析和理解分布在幾百萬個連結著的人工神經元之間。同樣地，檢視並確保公平性是一個非常具有挑戰性且高度技術性的問題。正如亞馬遜在其履歷篩選系統發現的問題，只是簡單調整演算法以忽略種族或性別等參數，並不是一個合適的解決方案，因為系統可能會專注於其他替代的條件。例如，求職者的名字可能表示其性別，居住的區域或郵遞區號則可能替代種族的參數。使用「反事實」（counterfactual）是一種特別被看好可以達到人工智慧的公平性的方法。使用這種技術時，系統會被檢視並驗證，當敏感的變數如種族、性別或性取向被調整為不同數值時，是否會產生相同的結果。雖然如此，這些領域的研究才剛起步，還需要投入更多的研究，才能開發出能夠讓機器學習系統維持真正公平性的技術。

利用人工智慧進行高風險決策的判斷時，最終極的願景是，它是比單靠人類判斷更可靠、產生更少偏見與具備更高準確性的科技。雖然修復演算法中的偏見可能很具有挑戰性，但如果和調整人類帶有的偏見相比，幾乎一定是更容易的事。麥肯錫全球研究院的董事長詹姆斯・曼尼卡告訴我，「一方面，機器系統可以幫助我們克服人類的偏見與易犯錯的特性，但另一方面，它們也可能帶來更大的潛在問題」。[283] 最小化或消除這些公平性的問題，是人工智慧領域所面臨最關鍵且最緊迫的其中一項挑戰。

為了達成這項目標結果，打造、測試和部署人工智慧演算法的開發人員要來自不同的背景也很重要。鑑於人工智慧將改變我們的經濟體系與社會，最了解這項技術且最有能力影響其發展方向的專家必須要能夠代表整個社會。然而，迄今為止，在實現這一目標方面的進展仍很有限。2018 年的一項研究發現，女性在人工智慧研究人員先驅中僅占 12％左右，而代表性不足的少數族裔的人數甚至更少。正如史丹佛大學的李飛飛所說，「如果我們環顧四周，無論是公司中的人工智慧團隊、學術界的人工智慧教授、人工智慧博士生或是在頂尖人工智慧會議中的演講者，無論從哪個角度切入，我們都缺乏多樣性。我們缺乏女性，我們也缺乏代表性不足的少數民族」。[284] 大學、大型科技公司和幾乎所有頂尖的人工智慧研究人員，都堅定於致力改變這種狀況。其中一項特別有潛力的活動是由李飛飛共同創立的。「AI4ALL」是一個為有天份的高中生打造夏令營的組織，旨在吸引年輕女性和代表性不足的族群進入人工智慧領域。現在，「AI4ALL」迅速擴張，在美國 11 所大學的校園都提供暑期課程。雖然還有很多工作沒做，但像「AI4ALL」這樣的計畫加上產業整體對吸引包容性人工智慧人才的承諾，可能會在未來幾年和幾十年內讓研究人員的組成更多樣化。將更廣的視野觀點帶入這個領域，可能會直接為我們帶來更有效率且更公平的人工智慧系統。

## 超級智慧與「控制問題」造成的生存威脅

超越所有其他人工智慧風險的問題是具備超人般智慧的機器，有朝一日可能會擺脫我們的直接控制，最終走上對人類造成生存威脅的這條路。國安問題、武器化和演算法偏見都很可能造成直接或近期的危險，在一切都太遲之前，這些很明顯是我們現在必須解決的問題。然而，超級智慧（superintelligence）造成人類生存威脅這項風險更偏向推測性，幾乎可以肯定在未來幾十年後，甚至是一個世紀或更長的時間才會發生。儘管如此，這項風險卻激起了許多知名人士的想像、被媒體大肆渲染，並引起大量關注。

對人工智慧導致人類生存風險的恐懼，在 2014 年成為嚴肅的大眾討論話題。在那年 5 月，包括劍橋大學宇宙學家史蒂芬・霍金、人工智慧專家斯圖爾特・羅素和物理學家馬克斯・泰格馬克（Max Tegmark）和法蘭克・維爾切克（Frank Wilczek）在內的一群科學家，合著了一封公開信，發表在英國的《獨立報》（Independent）上，宣稱人工超級智慧的出現「將是人類歷史上最重大的事件」，具備超人類智慧功能的電腦可能「智勝金融市場、發明與創造能力更勝人類研究員、比人類領袖更具領導能力，並開發出我們無法理解的武器」。這封信警告，未認真對待這個迫近的危險，很可能會成為人類「歷史上最嚴重的錯誤」。[285]

接下來在同一年，牛津大學的哲學學者尼克・伯斯特隆姆（Nick Bostrom）出版了他的書《超智慧：出現途徑、可能危機，與我們的因應對策》（Superintelligence: Paths, Dangers, Strategies），出人意料的是，這本書很快就成為暢銷書。伯斯特隆姆在這本書的一開頭就指出，人類之所以能夠統治地球，單純只是因為人類卓越的智力。許多其他動物都比人類更快、更強壯或更兇猛，但是我們的大腦讓我們位居優勢地位。當出現另一個超過我們人類智慧能力的存在時，局勢就很容易被扭轉。伯斯特隆姆說，「就像大猩猩的命運，現在更多是取決於我們人類，而不是掌握在大猩猩自己手上，我們物種的命運，也將取決於機器超級智慧的行動」。[286]

　　這本書具有很大的影響力，尤其是對於矽谷的精英。在出版後不到一個月，伊隆・馬斯克即宣稱「我們正在用人工智慧召喚惡魔」，人工智慧「可能比核武更危險」。[287] 一年後，馬斯克與他人共同創立了 OpenAI，並賦予其打造「友善」人工智慧的明確使命。對於那些受伯斯特隆姆論點影響最深的人而言，人工智慧某天將會威脅人類生存的概念，開始被視為近乎必然，而且這種危險最終會遠比氣候變遷或全球流行疾病等日常問題更可怕、造成更嚴重的後果。在一場觀看次數超過 500 萬次的 TED 大會上，神經科學家兼哲學家山姆・哈里斯（Sam Harris）表示，「很難看出如何避免（我們在人工智慧方面取得的成果）摧毀我們或讓我們摧毀自己，」他還提出，「我們需要類似曼哈頓計畫這樣的方案」，聚焦於如何避免這樣的結果，並找到方法來打造友善且可控制的人工智慧。[288]

　　當然，直到我們設計出一個真正具備思考能力且認知能力至少與我們相當的機器之前，這一切都不會成為問題，正如我們在第五章（119 頁）中討論過，邁向通用人工智慧的道路上有著未知數量的重大阻礙，而要實現這個里程碑之前必要的種種突破，可能需要幾十年的時間才能達成。請回想我在《智慧締造者》一書中採訪過的頂尖人工智慧研究人員對通用人工智慧出現的平均預估時間大約是八十年後，或者可說是本世紀末。然而，一旦媲美人類程度的人工智慧實現後，幾乎可以肯定的是，超級智慧也將迅速跟著到來。事實上，任何具備人類水平的學習與推理能力的機器智慧，可能都已經優於我們，因為它也會享有電腦已擁有的所有優勢，這包括以人類難以理解的速度運算和處理資訊的能力，以及透過網路與其他機器直接交流的能力。

大多數人工智慧專家都認為，跨過這個里程碑後，這樣的機器智慧很快就會決定將其智慧的力量轉向改進自己的設計。系統將變得越來越聰明，也越來越擅長重新設計自己的人工思維，而這將導致機器智慧不斷地進行遞迴改進。結果是「智慧爆炸」（intelligence explosion）不可避免地將會發生，雷蒙・庫茲維爾等科技樂觀主義者認為，這種現象將成為奇點與開啟新時代的催化劑。人工智慧的進步有一天會導致機器智慧爆炸的論點，早在摩爾定律把可能有助於實現這件事的電腦硬體打造出來之前，就已經出現了。1964 年時，數學家古德（I.J. Good）寫了一篇標題為《關於第一台超智慧機器的推測》的學術論文，他在其中解釋了這個概念：

超智慧機器的定義是有某一種機器，無論人類多麼聰明，這台機器皆可以遠遠超越任何人的所有智力活動。由於機器的設計也是智力活動的一種，所以超智慧機器可以設計出更好的機器；毫無疑問，屆時將會出現「智慧爆炸」，而人類的智慧將被遠遠超越。因此，第一台超級智慧機器將是人類需要創造的最後一項發明，前提是這台機器足夠溫順並告訴我們如何控制它。[289]

　　超級智慧機器將是人類需要創造的最後一項發明這個願景抓住了樂觀的奇點理論派（Singularians）的目光。機器必須足夠溫順以被人類控制這項條件則代表著對威脅人類生存之可能性的擔憂。超級智慧的這個黑暗面在人工智慧社群中被稱為「控制問題」（control problem）或「價值對齊問題」（value alignment problem）。

　　「控制問題」並非源自《魔鬼終結者》等電影中所描繪的那種帶有明顯惡意的機器的恐懼。每個人工智慧系統都是圍繞著某個目標函數，或者換句話說，是為了實現特定目標而設計的。令人擔憂的是，當一個超級智慧系統被賦予目標後，很可能會不懈地追求實現目標而使用我們意想不到的手段，或造成令我們意外的後果，而這些後果可能對我們的文明社會有害，或甚至會終結我們的文明社會。一個和「迴紋針最大量化」有關的哲學思考實驗經常被用來說明這一點。想像一下，有一個以優化迴紋針生產為特定目標而設計的超級智慧。在不停地追求這個目標的過程中，超級智慧機器可能會發明出新的技術，使其幾乎可以將地球上的所有資源做成迴紋針。因為這套系統在其智力的能力上遠遠超越我們，所以它可能會成功阻礙任何想將它關閉或改變它行動方向的企圖。事實上，任何試圖干擾的行為都會與這套系統的目標函數不一致，而它會有明確的動機來防止這類情況發生。

　　這個例子很明顯地設計成某種卡通般的劇情。未來可能出現的真實情景可能會更難以捉摸，而潛在的後果將更難以預測，甚至不可能提前預測。我們已經可以舉出一個重要的例子來說明非計畫中的後果如何對社會結構明顯有害。YouTube 和 Meta 等科技公司使用的機器學習演算法的目標，通常是最大化地提升用戶在平台上的參與度。這反過來會帶來更多的網路廣告收入。然而，追求這個目標的演算法很快就發現，讓人們維持參與度的最佳方式，顯然是向他們提供政治上兩極分化的內容，或是直接利用憤怒或恐懼等情緒。這導致了例如使用 YouTube 平台時經常被提及的「兔子洞」（rabbit hole）現象，在這類情況下，系統會在溫和的影片之後接連推薦更極端的內容，而所有這些機制都會導致用戶持續與平台因情感驅動而互動。這可能有利於盈利，但顯然對我們的社會或政治環境不利。如果我們在超級智慧系統上也犯下類似的誤判，那麼這個超級系統在追求目標的過程中，人類很可能無法重新獲得控制權。

　　尋求控制問題的解決方案已成為大學學術研究的重要課題，尤其是在專門且私人投資的組織中，例如 OpenAI、由尼克・伯斯特隆姆主導的牛津大學人類未來研究所與位於加州柏克萊的機器智慧研究所。斯圖爾特・羅素在他 2019 年出版的《人類相容：人工智慧與控制問題》（*Human Compatible: Artificial Intelligence and the Problem of Control*）中談到，解決該問題的最佳方法是根本不要將明確的目標函數放到高階的 AI 系統中。反之，系統應該被設計為「最大化地實現人類偏好的事情」。[290] 因為機器智慧永遠無法確定這些偏好或人類的意圖是什麼，它就必須研究人類行為來制定其目標，且願意與人類對話並接受人類指揮。與無法被阻擋的「迴紋針最大量化器」不同，這樣的系統只要認為其符合優化人類偏好的情況，就會願意被關閉。

　　這與目前打造 AI 系統的方法截然不同。羅素解釋道：

　　實際上，將這樣的模型付諸實踐需要經過大量的研究。我們會需要「微創」演算法來做決策，以防止機器干擾影響世界上那些它們不確定價值的事情，以及防止機器更深入地了解我們對未來應該如何發展真實且潛藏的偏好。這樣的機器將面臨一個古老的道德哲學問題：如何在慾望彼此衝突的不同個體之間分配收益與成本。

　　所有的這一切可能需要十年的時間才能達成，且即便如此，我們仍需要制定法規以確保採用的是可被證明安全性的系統，而那些不符合規範的系統將被淘汰。這並不容易。但很明確的是，這個模型必須在人工智慧在關鍵領域的能力超越人類之前先到位。[291]

　　值得注意的是，除了斯圖爾特・羅素之外，幾乎所有最大力疾呼、對潛在生存威脅發出警告的聲音，都來自人工智慧研究或電腦科學領域以外的人。提出警告的主要有像是山姆・哈里斯等公共知識分子、伊隆・馬斯克等矽谷巨擘，以及其他領域的科學家如史蒂芬・霍金或物理學家馬克斯・泰格馬克等。大多數實際從事人工智慧研究的專家往往是比較樂觀的。當我為《智慧締造者》採訪 23 位頂尖研究人員時，我發現雖然有些人認真看待生存威脅的可能性，但絕大多數人對此卻相當輕視。普遍的說法是，超級智慧的出現距離現在太遠了，要解決的問題的具體特徵又如此模糊，以至於探索這個問題毫無意義。曾任 Google 和百度人工智慧研究小組負責人的吳恩達有一段知名的論點，他說，擔心人工智慧的生存威脅就像擔心火星上的人口過剩一樣，離第一批太空人被送去這顆紅色星球都還需要很長的一段時間。機器人專家羅德尼・布魯克斯也認同這種觀點，他說，出現超級智慧的未來還遙遙無期，「這與今天的世界會是一個完全不同的狀況，而是有一個超級人工智慧的狀況。……我們完全不知道那時世界或（超級智慧的人工智慧系統）會是什麼樣子。對於那些活在遠離現實世界的泡泡中的個別學者來說，預測人工智慧的未來只是一場權力遊戲。這並不是說這些技術不會出現，但在它們出現之前，我們不知道它們會是什麼樣子。」[292]

嚴肅看待人工智慧造成生存威脅的擁護者，強烈反對因為它可能在幾十年後才會出現，所以這個問題不重要或無法解決的這些概念。他們指出，必須在第一個超級智慧出現之前就解決控制問題，否則一切就太遲了。斯圖爾特・羅素喜歡用外星人來到地球做類推。想像一下，如果我們收到了來自太空的信號，告知我們外星人將在五十年後來到地球。我們勢必會立即投入全球的重要力量為此做準備。羅素認為，我們應該為超級智慧的出現做相同的準備。

　　我個人的觀點是，我們應該認真看待人工智慧造成生存威脅的可能性。我認為人類未來研究所等組織的研究人員正在積極研究這項問題，是一件非常有建設性的事情。然而，在我看來，這代表了資源的適當分配，至少就目前而言，這個問題似乎最好是放在不公開的學術研究環境中討論。在這個時間點，任何論證的合理性都很難達到像是政府資助的「曼哈頓計畫」一樣的規模。試圖用已經失能的政治流程來處理這個問題似乎也不明智。我們真的希望對這項技術一知半解或根本不了解的政客們，在 Twitter 上以超級智慧機器的危險性來發文嗎？鑑於美國政府的能力非常有限，且幾乎無法完成任何事情，我也擔心炒熱未來的生存威脅，或是讓這個議題政治化，會分散人們對那些非常真實且直接的人工智慧風險的注意力，這包括人工智慧武器化、國安問題與偏見問題，這些是我們確實需要立即開始投入大量資源來解決的問題。

## 迫切急需管理規範

如果要從我們在本章所探討的風險中得出一個結論的話，那就是隨著人工智慧的不斷進步與普及，政府的監管必須發揮重要的作用。但是，我認為過度規範或限制一般的人工智慧研究是非常錯誤的作法。這樣做以全球的角度而言可能會是無效的，因為這項研究正在世界各地進行。而且，正如我們所探討的，中國特別致力於推動人工智慧的進步，並激烈地和美國與其他西方國家競爭。對基礎的研究施加限制顯然會使我們處於明顯的劣勢，我們根本無法承受在追求這項重要技術的領先優勢方面落後中國。

我們應該將重點放在規範人工智慧的特定應用上。我們正在對自動駕駛汽車或人工智慧醫療診斷工具等領域制定規範，因為這些應用程式和現在已完善的某些監管框架相關。然而，我們需要更廣泛的監管措施。人工智慧最終將影響幾乎所有領域，正如我們所探討的，諸如臉部辨識或刑事司法系統中使用的演算等技術，正被用於做出非常高風險的決策，而實際上，我們並無法保證這項技術被有效或公正地應用。

考量到人工智慧的發展速度與所涉及之問題的複雜性，我認為，期望美國國會或是任何議會單位及時制定並頒布詳細的法規是不現實的。最佳的行動方案可能是建立一個獨立的政府機構，賦予其專門針對人工智慧應用的監管權力。這個單位的層級會與美國食品藥物管理局、美國聯邦航空總署或美國證券交易委員會大致相同。這些機構以及它們在其他地區的類似機構，例如歐洲藥品管理局，都發展出了深厚的內部專業知識，使他們能夠處理其職權範圍內的問題；人工智慧領域需要的也是像這樣的單位。一個人工智慧的監管機構需要獲得國會廣泛的授權以及資金分配，但它也有權制定具體的法規，並且要能夠比立法機構更快且更有效地完成這項工作。

那些具有自由主義傾向的人，很可能會反對並正確地指出，這樣的機構將與我們其他的監管機構同樣出現如今存在的效率低下問題。一個監管人工智慧的機構肯定會與大型科技公司關係密切，我們很可能會看到眾所周知的「旋轉門」（revolving-door）問題，即人員在產業與政府之間流動，並且存在管制俘虜（regulatory capture）與受到科技產業造成的不當影響的重大風險。這些擔憂都是真實的，但我認為這樣的機構顯然是現有選項中的最佳解決方案。如果另一個選項是什麼都不做，那肯定更糟。事實上，監管機構與開發和應用人工智慧技術的公司之間關係密切，很可能既是一個漏洞，也是一個益處。政府實際上無法提供媲美技術產業常見的工資和股權報酬來爭奪頂尖的人工智慧人才，與私人企業合作很可能是這個機構跟上該領域最新發展的唯一途徑。沒有任何解決方案是完美的，但產業、學術界和政府之間若能建立有效的聯盟，並以具備專業內部知識的監管機構為中心，讓事情朝著正確的方向發展，將大大有助於確保人工智慧的應用是安全、包容且公正的。

## 結論

# 人工智慧的兩種未來

隨著人工智慧不斷進步，並將其影響範圍擴展到我們生活的更多面向，與這項技術相關的風險也需要盡快得到關注。冠狀病毒危機與 2020 年普遍的社會動盪相交集所帶來的發展顯示，其中一些問題已開始明顯出現在大眾的話語中。在明尼亞波利斯市的警察於 2020 年 5 月殺害喬治・佛洛伊德（George Floyd）而引發全國性的抗議活動之後，大眾開始意識到臉部辨識技術中帶有的種族偏見，這成為討論的核心，亞馬遜宣布暫停向執法機構銷售其 Rekognition 系統一年，以便讓美國國會有時間討論對這項技術的監管。微軟也宣布了在立法通過前將短期暫停銷售臉部辨識技術，IBM 則完全退出臉部辨識市場。[293]

冠狀病毒的大流行，也為制定非常規的政策帶來了新的開放性。由於經濟停擺導致大量的失業，國會因此得以迅速制定出在幾個月前原本只可能胎死腹中的政策。其中也包括直接給納稅人 1,200 美元的振興補助款，雖然只是暫時的，但失業保險金的給付增加，並且擴及到包括零工經濟的工作者。隨著人工智慧和機器人技術對就業市場的影響在未來幾年內加速成長，所有這些概念現在都將被納入公開討論。事實上，已經有人呼籲在冠狀病毒流行的危機期間,每個月進行支付補助款,這基本上就是基本收入的概念。[294]

　　儘管如此,面對隨著人工智慧的持續發展而不可避免地到來的危險,用更全面和更有凝聚力的解決方法來回應仍是關鍵。這將需要政府和私人部門之間有效地協調,並建立一個具有面對這個領域快速發展所需之專業知識的監管框架。這一切都必須從現在就開始,因為我們可以說已經落後了。

　　儘管存在這些非常真切的擔憂,但我仍堅信人工智慧的好處將遠遠多過風險。事實上,鑑於我們在未來幾十年將面臨的挑戰,我認為人工智慧將扮演不可或缺的角色。我們將需要人工智慧將我們帶離科技高原,以邁入一個跨領域廣泛創新的新時代。

　　氣候變遷是最明確可預見的威脅。政府間氣候變遷專門委員會於 2018 年時發布的一項分析顯示,為了防止全球氣溫升高超過攝氏 1.5 度(有望防止災難性危害的門檻),我們需要在 2050 年之前讓淨碳排放量減少到零。為了實際上有可能實現這項目標,我們需要在 2030 年之前減少大約 45％ 的排放量。[295]

　　隨著冠狀病毒大流行的出現,我們也藉機進行了前所未有的大規模實驗,這項挑戰的嚴重程度也因此有了明顯的答案。比爾‧蓋茲(Bill Gates)在 2020 年 8 月的一篇部落格文章中指出,這段期間航空旅行幾乎完全停止,全球的街道、高速公路和辦公大樓都空無一人,這樣的全球停擺僅導致排放量減少了約 8%，而這段期間暫時的排放量減少，是以幾兆美元消失與地球上幾乎每個國家的失業率都飆升作為代價的。換句話說，假設我們可以在未來十年內透過某種方式將碳排放量減少近一半，只仰賴保育或行為改變的政策，例如將通勤改為使用大眾交通工具是不現實的。正如比爾·蓋茲所說的，「我們無法光靠減少飛行和駕駛來實現完全的（或大部分的）零排放」。[296]

想要成功達成這項目標，首先取決於創新。僅僅換成用乾淨且可再生的方式來發電和驅動汽車是不夠的。發電廠和交通運輸僅占全球排放量的 40% 左右。其餘來自農業、製造業、建築物排放和其他各式各樣的來源。[297] 大幅減少全球的排放將需要在所有的領域都有技術突破。再加上其他挑戰，例如新出現的全球水資源短缺危機，或無法避免的下一次大流行病，很明顯地，我們迫切需要全面性的創新。然而，正如我們在第三章（38 頁）中看到的，在過去的幾十年裡，創造出新創意的速度實際上一直在變慢。正如在美國研究創新的史丹佛大學和麻省理工學院的經濟學家寫道，「在每個我們檢視的領域，都越來越難看到新的創意，以及這些創意背後所代表的指數級成長」。[298]

這樣的情況必須改變，而人工智慧是可以帶來改變的催化劑。在面對這些挑戰時，沒有什麼比無處不在且可負擔的實用資源更重要的了，而且人工智慧可以大幅放大人類的智力和創造力。

我們主要的目標將是盡一切可能加快這項新資源的開發，同時以某種方式發展我們的社會安全網和監管架構，使我們能夠減輕隨之而來的風險，並確保人工智慧的獲利能夠以廣泛且包容的方式和所有人共同分享。

當我們試圖沿著這個方向前進時，我認為我們所建構的未來，最終可能會落在一個兩端是兩種科幻極端的光譜上。最樂觀的情景來自電視劇《星際爭霸戰》（Star Trek），沒有人需要為了生計而在一份沒有未來的工作中辛苦勞作，這個世界裡的人們都受過高等教育，並追求他們認為有意義的挑戰，傳統工作的消失並未導致大家無所事事或生命缺乏意義與尊嚴。在《星際爭霸戰》的宇宙中，人們因其內在的人性價值而受到重視，不會以他們的經濟產出作為評判標準。儘管《星際爭霸戰》中描繪的許多科技可能都無法在現實中成真，或者，至少要在遙遠的未來才有可能成真，我認為這部劇合理地描繪了一個未來，在這個未來裡，先進的科技帶來普遍的繁榮生活，解決人類在地球生存的挑戰，並讓我們能夠探索宇宙中的繁星。

另一種更反烏托邦的未來，可能是某種接近《駭客任務》的未來情境。我擔心的不是人工智慧會以某種方式奴役我們，而是現實世界可能變得非常不平等，並且對於大多數普通人來說，可能完全沒有機會追求他們的願景，以至於很大一部分人會選擇逃避到另類實境（alternate reality）之中。隨著人工智慧和虛擬實境技術在未來幾年和幾十年內加速發展，兩者很可能會結合起來，創造出非常令人難以抗拒且逼真的虛擬世界，對許多人來說，這些虛擬世界似乎遠比他們實際生活的世界更具吸引力。事實上，一組經濟學家在2017年的一項分析研究發現，有越來越多脫離勞動力市場的年輕男性將大量時間花在電玩遊戲上。[299] 這項技術將很快地發展，而這些虛擬實境將變得非常容易令人上癮，以至於它們可能合理地被視為是一種毒品。

如果人工智慧和機器人技術顛覆了就業市場，導致就業機會蒸發或工作的品質下降，政府極有可能最終被迫向全民提供某種形式的支持，以維持社會秩序，這也許會是基本收入。然而，如果他們忽視了保障人們得以繼續將教育作為首要目標並擁有某種目標感，結果很可能是大家普遍會變得冷漠與疏離。我們的社會可能變成一個分裂成只剩一小群精英仍然以現實世界為主的社會，其他大眾則會有越來越多人逃避到一個技術的幻想中，或者可能被犯罪或其他的成癮形式所吸引。到時候將有許多最聰明的人被吸引到越來越誘人的虛擬世界，他們可能不再有強烈的動力在現實世界爭取成功，我們人口的受教育程度將因此降低，民主的包容性和有效性會大幅降低，創新速度也會變慢。在這種情況下，經濟和社會的阻力將使我們更難克服全球所面臨的挑戰。

我想，幾乎每個人都會同意我們應該努力往一個更接近《星際爭霸戰》的未來前進。但是，這並不會自然而然地達成。我們需要制定明確的政策，將我們前進的方向轉向朝著那個目的地。我們很有可能還需要很長的時間才能到達這個目的地，但如果我們能從解決收入分配問題開始，同時讓人們可以維持自我教育和追求有意義的挑戰的強烈動力，我們就可以朝著正確的方向前進。

# 致謝

在過去幾年，有許多人都透過他們與我的對話，或是他們的演講，幫助我對人工智慧的理解更深入。我特別感謝參與《智慧締造者》所記錄之對話的那 23 位傑出的研究人員和企業家。他們真的是人工智慧領域中最聰明的人，而他們的見解和預測為本書中的大部分素材提供了基礎。

我在美國的編輯 TJ・凱萊赫（TJ Kelleher）和英國的編輯莎拉・凱若（Sarah Caro），在幫助我精煉我的論點並將手稿的架構整理成最佳的形式上，發揮了重要的作用。我的經紀人唐・費爾（Don Fehr）再次為我的書在 Basic Books 出版社找到了合適的家。

我花了大約八個月的時間寫這本書，這段期間恰逢冠狀病毒出現並大流行與隨之而來的社會停擺。我很幸運能在這段時間安全地待在家裡專心寫作，我也非常感謝所有沒有這種餘裕的醫療保健專業人員與在最前線工作的人員。

最後，我感謝我的妻子曉曉（Xiaoxiao）和我的女兒伊萊恩（Elaine）在我投入於這本書的計畫時給予我的鼓勵和支持。

# 注解

## 第一章

1.  Ewen Callaway, " 'It will change everything': DeepMind's AI makes gigantic leap in solving protein structures", Nature, November 30, 2020, https://www.nature.com/articles/d41586-020-03348-4.

2.  "AlphaFold: Using AI for scientific discovery", DeepMind Research Blog, January 15, 2020, https://deepmind.com/blog/article/AlphaFold-Using-AI-for-scientific-discovery.

3.  Ian Sample, "Google's DeepMind predicts 3D shapes of proteins", *The Guardian*, December 2, 2018, https://www.theguardian.com/science/2018/dec/02/google-deepminds-ai-program-alphafold-predicts-3d-shapes-of-proteins.

4.  Lyxor Robotics and AI ETF, ticker ROAI,

5.  See, for example: Carl Benedikt Frey and Michael A. Osborne, "The Future of Employment: How Susceptible Are Jobs to Computerisation?," Oxford Martin School, Programme on the Impacts of Future Technology, September 17, 2013, p. 38, http://www.futuretech.ox.ac.uk/sites/futuretech.ox.ac.uk/files/The_Future_of_Employment_OMS_Working_Paper_1.pdf.

6.  Matt McFarland, "Elon Musk: 'With artificial intelligence we are summoning the demon.'", *Washington Post*, October 24, 2014, https://www.washingtonpost.com/news/innovations/wp/2014/10/24/

elon-musk-with-artificial-intelligence-we-are-summoning-the-demon/

7. Anand S. Rao and Gerard Verweij, "Sizing the prize: What's the real value of AI for your business and how can you capitalise?", PwC, October 2018, https://www.pwc.com/gx/en/issues/analytics/assets/pwc-ai-analysis-sizing-the-prize-report.pdf.

## 第二章

8. "Neuromorphic Computing", Intel Corporation, https://www.intel.com/content/www/us/en/research/neuromorphic-computing.html.

9. Sara Castellanos, "Intel to Release Neuromorphic-Computing System", Wall Street Journal, March 19, 2020, https://www.wsj.com/articles/intel-to-release-neuromorphic-computing-system-11584540000

10. Linda Hardesty, "WikiLeaks Publishes the Location of Amazon's Data Centers", SDXCentral, October 12, 2018, sdxcentral.com/articles/news/wikileaks-publishes-the-location-of-amazons-data-centers/2018/10/

11. "2019 State of the Cloud Report", Rightscale/Flexera, p. 2, https://resources.flexera.com/web/media/documents/rightscale-2019-state-of-the-cloud-report-from-flexera.pdf.

12. Pierr Johnson, "With The Public Clouds Of Amazon, Microsoft And Google, Big Data Is The Proverbial Big Deal", Forbes, June 15, 2017, https://www.forbes.com/sites/johnsonpierr/2017/06/15/with-the-public-clouds-of-amazon-microsoft-and-google-big-data-is-the-proverbial-big-deal/#33cba6cf2ac3

13. "DeepMind AI Reduces Google Data Centre Cooling Bill by 40%",

DeepMind Research Blog, July 20, 2016, https://deepmind.com/blog/article/deepmind-ai-reduces-google-data-centre-cooling-bill-40

14. Urs Hölzle, "Data centers are more energy efficient than ever", Google Blog, February 27, 2020, https://www.blog.google/outreach-initiatives/sustainability/data-centers-energy-efficient/.

15. Ron Miller, "AWS revenue growth slips a bit, but remains Amazon's golden goose", *TechCrunch*, July 25, 2019, https://techcrunch.com/2019/07/25/aws-revenue-growth-slips-a-bit-but-remains-amazons-golden-goose/

16. John Bonazzo, "Google Exits Pentagon 'JEDI' Project After Employee Protests", *Observer*, October 10, 2018, https://observer.com/2018/10/google-pentagon-jedi/

17. Annie Palmer, "Judge temporarily blocks Microsoft Pentagon cloud contract after Amazon suit", CNBC, February 13, 2020, https://www.cnbc.com/2020/02/13/amazon-gets-restraining-order-to-block-microsoft-work-on-pentagon-jedi.html

18. Laurnen Feiner, "DoD asks judge to let it reconsider decision to give Microsoft $10 billion contract over Amazon", CNBC, March 13, 2020, https://www.cnbc.com/2020/03/13/pentagon-asks-judge-to-let-it-reconsider-its-jedi-cloud-contract-award.html.

19. Amazon AWS Website, "TensorFlow on AWS", https://aws.amazon.com/tensorflow/

20. Kyle Wiggers, "Intel debuts Pohoiki Springs, a powerful neuromorphic research system for AI workloads", Venturebeat, March 18, 2020, https://venturebeat.com/2020/03/18/intel-debuts-pohoiki-springs-a-powerful-neuromorphic-research-system-for-ai-workloads/.

21. Jeremy Kahn, "Inside Big-tech's Quest for Human-level AI", Fortune, January 20, 2020, https://fortune.com/longform/ai-artificial-intelligence-big-tech-microsoft-alphabet-openai/

22. Martin Ford, *Architects of Intelligence*, Interview with Fei-Fei Li, p. 150.

23. "Deep Learing on AWS", Amazon AWS Website, https://aws.amazon.com/deep-learning/.

24. Kyle Wiggers, "MIT researchers: Amazon's Rekognition shows gender and ethnic bias", Venturebeat, January 24, 2019, https://venturebeat.com/2019/01/24/amazon-rekognition-bias-mit/

25. "New schemes teach the masses to build AI", The Economist, October, 27, 2018, https://www.economist.com/business/2018/10/27/new-schemes-teach-the-masses-to-build-ai

26. Chris Hoffman, "What Is 5G, and How Fast Will It Be?", *How-to Geek*, January 3, 2020, https://www.howtogeek.com/340002/what-is-5g-and-how-fast-will-it-be/

## 第三章

27. All the Tesla Autonomy presentations can be seen on YouTube: https://www.youtube.com/watch?reload=9&v=Ucp0TTmvqOE.

28. Sean Szymkowski, "Tesla's Full Self-Driving mode under the watchful eye of NHTSA", *Road Show*, October 22, 2020, https://www.cnet.com/roadshow/news/teslas-full-self-driving-mode-nhtsa/.

29. Rob Csongor, "Tesla Raises the Bar for Self-Driving Carmakers", NVIDEA Blog, April 23, 2019, https://blogs.nvidia.com/blog/2019/04/23/tesla-self-driving/.

30. Jeffrey Van Camp, "My Jibo Is Dying and It's Breaking My Heart", *Wired*, March 9, 2019, https://www.wired.com/story/jibo-is-dying-eulogy/.

31. Mark Gurman and Brad Stone, "Amazon Is Said to Be Working on Another Big Bet: Home Robots", *Bloomberg*, April 23, 2018, https://www.bloomberg.com/news/articles/2018-04-23/amazon-is-said-to-be-working-on-another-big-bet-home-robots.

32. Martin Ford, *Architects of Intelligence*, Interview with Rodney Brooks, p. 432.

33. Videos of the robotic hand solving the Rubik's Cube can be seen on OpenAI's blog: https://openai.com/blog/solving-rubiks-cube/

34. Will Knight, "Why Solving a Rubik's Cube Does Not Signal Robot Supremacy", *Wired*, October 16, 2019, https://www.wired.com/story/why-solving-rubiks-cube-not-signal-robot-supremacy/.

35. Noam Scheiber, "Inside an Amazon Warehouse, Robots' Ways Rub Off on Humans", *New York Times*, July 3, 2019, https://www.nytimes.com/2019/07/03/business/economy/amazon-warehouse-labor-robots.html

36. Eugene Kim, "Amazon's $775 million deal for robotics company Kiva is starting to look really smart", *Business Insider*, June 15, 2016, https://www.businessinsider.com/kiva-robots-save-money-for-amazon-2016-6

37. Will Evans, "Ruthless Quotas at Amazon Are Maiming Employees", *The Atlantic*, November 25, 2019, https://www.theatlantic.com/technology/archive/2019/11/amazon-warehouse-reports-show-worker-injuries/602530/.

38. Jason Del Ray, "How robots are transforming Amazon warehouse jobs — for better and worse", Vox/Recode, December 11, 2019, https://www.vox.com/recode/2019/12/11/20982652/robots-amazon-warehouse-jobs-automation.

39. Michael Sainato, " 'I'm not a robot': Amazon workers condemn unsafe, grueling conditions at warehouse", *The Guardian*, February 5, 2020, https://www.theguardian.com/technology/2020/feb/05/amazon-workers-protest-unsafe-grueling-conditions-warehouse

40. Jeffrey Dastin, "Exclusive: Amazon rolls out machines that pack orders and replace jobs", Reuters, May 13, 2019, https://www.reuters.com/article/us-amazon-com-automation-exclusive/exclusive-amazon-rolls-out-machines-that-pack-orders-and-replace-jobs-idUSKCN1SJ0X1.

41. Matt Simon, "Inside the Amazon Warehouse Where Humans and Machines Become One", *Wired*, June 5, 2019, https://www.wired.com/story/amazon-warehouse-robots/.

42. James Vincent, "Amazon's latest robot champion uses deep learning to stock shelves", *The Verge*, July 5, 2016, https://www.theverge.com/2016/7/5/12095788/amazon-picking-robot-challenge-2016.

43. Jeffrey Dastin, "Amazon's Bezos says robotic hands will be ready for commercial use in next 10 years", Reuters, June 6, 2019, https://www.reuters.com/article/us-amazon-com-conference/amazons-bezos-says-robotic-hands-will-be-ready-for-commercial-use-in-next-10-years-idUSKCN1T72JB

44. "Inside A Warehouse Where Thousands Of Robots Pack Groceries (Video)", *Tech Insider*, May 9, 2018, https://www.youtube.com/watch?reload=9&v=4DKrcpa8Z_E

45. James Vincent, "Welcome to the Automated Warehouse of the Future", *The Verge*, May 8, 2018, https://www.theverge.com/2018/5/8/17331250/automated-warehouses-jobs-ocado-andover-amazon

46. Ibid.

47. "ABB and Covariant Partner to Deploy Integrated AI Robotic Solutions", ABB Press Release, February 25, 2020, https://new.abb.com/news/detail/57457/abb-and-covariant-partner-to-deploy-integrated-ai-robotic-solutions.

48. Evan Ackerman, "Covariant Uses Simple Robot and Gigantic Neural Net to Automate Warehouse Picking", *IEEE Spectrum*, January 29, 2020, https://spectrum.ieee.org/automaton/robotics/industrial-robots/covariant-ai-gigantic-neural-network-to-automate-warehouse-picking.

49. Jonathan Vanian, "Industrial robotics giant teams up with a rising A.I. startup", *Fortune*, February 24, 2020, https://fortune.com/2020/02/25/industrial-robotics-ai-covariant/.

50. Alexander Lavin*, J. Swaroop Guntupalli, Miguel Lázaro-Gredilla, Wolfgang Lehrach, Dileep George, "Explaining Visual Cortex Phenomena using Recursive Cortical Network", Vicarious Research Paper, July 30, 2018, https://www.biorxiv.org/content/biorxiv/early/2018/07/30/380048.full.pdf

51. Tom Simonite, "These Industrial Robots Get More Adept With Every Task", Wired, March 18, 2020, https://www.wired.com/story/these-industrial-robots-adept-every-task/.

52. Adam Satariano and Cade Metz, "A Warehouse Robot Learns to Sort

Out the Tricky Stuff", *New York Times*, January 29, 2020, https://www.nytimes.com/2020/01/29/technology/warehouse-robot.html

53. Matthew Boyle, "Robots in Aisle Two: Supermarket Survival Means Matching Amazon", *Bloomberg*, December 3, 2019, https://www.bloomberg.com/features/2019-automated-grocery-stores/.

54. Ibid.

55. Nathaniel Meyersohn, "Grocery stores turn to robots during the coronavirus", CNN Business, April 7, 2020, https://www.cnn.com/2020/04/07/business/grocery-stores-robots-automation/index.html.

56. Shoshy Ciment, "Walmart is bringing robots to 650 more stores as the retailer ramps up automation in stores nationwide", *Business Insider*, January 13, 2020, https://www.businessinsider.com/walmart-adding-robots-help-stock-shelves-to-650-more-stores-2020-1.

57. Jennifer Smith, "Grocery Delivery Goes Small With Micro-Fulfillment Centers", *Wall Street Journal*, January 27, 2020, https://www.wsj.com/articles/grocery-delivery-goes-small-with-micro-fulfillment-centers-11580121002.

58. Nick Wingfield, "Inside Amazon Go, a Store of the Future", *New York Times*, January 21, 2018, https://www.nytimes.com/2018/01/21/technology/inside-amazon-go-a-store-of-the-future.html.

59. Spencer Soper, "Amazon Will Consider Opening Up to 3,000 Cashierless Stores by 2021", *Bloomberg*, September 29, 2018, https://www.bloomberg.com/news/articles/2018-09-19/amazon-is-said-to-plan-up-to-3-000-cashierless-stores-by-2021

60. Paul Sawyers, "SoftBank leads $30 million investment in Accel Robotics for AI-enabled cashierless stores", *Venturebeat*, December 3, 2019, https://venturebeat.com/2019/12/03/softbank-leads-30-million-investment-in-accel-robotics-for-ai-enabled-cashierless-stores/.

61. Jurica Dujmovic, "As coronavirus hits hard, Amazon starts licensing cashier-free technology to retailers", Marketwatch, March 31, 2020, https://www.marketwatch.com/story/as-coronavirus-hits-hard-amazon-starts-licensing-cashier-free-technology-to-retailers-2020-03-31.

62. Eric Rosenbaum, "Panera is losing nearly 100% of its workers every year as fast-food turnover crisis worsens", CNBC, August 29, 2019, https://www.cnbc.com/2019/08/29/fast-food-restaurants-in-america-are-losing-100percent-of-workers-every-year.html.

63. Ibid.

64. Kate Krader, "The World's First Robot-Made Burger Is About to Hit the Bay Area", *Bloomberg*, June 21, 2018, https://www.bloomberg.com/news/features/2018-06-21/the-world-s-first-robotic-burger-is-ready-to-hit-the-bay-area?utm_source=google&utm_medium=bd&cmpId=google.

65. "U.S. national health expenditure as percent of GDP from 1960 to 2019", Statista, https://www.statista.com/statistics/184968/us-health-expenditure-as-percent-of-gdp-since-1960/

66. "Healthcare expenditure and financing", OCED.stat, https://stats.oecd.org/Index.aspx?DataSetCode=SHA.

67. William J. Baumol and William G. Bowen, *Performing Arts, The Economic Dilemma: a study of problems common to theater, opera,*

*music, and dance*, MIT Press, 1966.

68. Michael Maiello, "Diagnosing William Baumol's cost disease", *Chicago Booth Review*, May 18, 2017, https://review.chicagobooth. edu/economics/2017/article/diagnosing-william-baumol-s-cost-disease.

69. "7 Healthcare Robots for the Smart Hospital of the Future", *Nanalize*, April 6, 2020, https://www.nanalyze.com/2020/04/ healthcare-robots-smart-hospital/.

70. "Robots join workforce at the new Stanford Hospital", *Stanford Medicine News*, November 4, 2019, https://med.stanford.edu/news/ all-news/2019/11/robots-join-the-workforce-at-the-new-stanford-hospital-.html.

71. Ardila, D., Kiraly, A.P., Bharadwaj, S. et al. "End-to-end lung cancer screening with three-dimensional deep learning on low-dose chest computed tomography", *Nature Medicine*, May 20, 2019, 25, 954–961 (2019), https://www.nature.com/articles/s41591-019-0447-x#citeas

72. Karen Hao, "Doctors are using AI to triage covid-19 patients. The tools may be here to stay", *MIT Technology Review*, April 23, 2020, https://www.technologyreview.com/2020/04/23/1000410/ai-triage-covid-19-patients-health-care/?truid=c6caef3ddb819adfbd652ed16 0c6c3ce&utm_source=the_algorithm&utm_medium=email&utm_ campaign=the_algorithm.unpaid.engagement&utm_ content=04-24-2020

73. Geoffrey Hinton speaking about radiology at the "Machine Learning and the Market for Intelligence" conference in 2016 (video), https://

www.youtube.com/watch?reload=9&v=2HMPRXstSvQ.

74. Alex Bratt, "Why Radiologists Have Nothing to Fear From Deep Learning", *Journal of the American College of Radiology*, September 2019, Volume 16, Issue 9, Part A, Pages 1190–1192, https://www.jacr.org/article/S1546-1440(19)30198-X/fulltext.

75. Ray Sipherd, "The third-leading cause of death in US most doctors don't want you to know about", *CNBC*, February 22, 2018, https://www.cnbc.com/2018/02/22/medical-errors-third-leading-cause-of-death-in-america.html.

76. Else Reuter, "Study shows reduction in medication errors using health IT startup's software", *MedCity News*, December 24, 2019, https://medcitynews.com/2019/12/study-shows-reduction-in-medication-errors-using-health-it-startups-software/?rf=1.

77. Adam Vaughan, "Google is taking over DeepMind's NHS contracts – should we be worried?", New Scientist, September 27, 2019, https://www.newscientist.com/article/2217939-google-is-taking-over-deepminds-nhs-contracts-should-we-be-worried/#ixzz6KZ3XJQpJ

78. Clive Thompson, "MAY A.I. HELP YOU?", *New York Times*, November 14, 2018, https://www.nytimes.com/interactive/2018/11/14/magazine/tech-design-ai-chatbot.html.

79. Blair Hanley Frank, "Woebot raises $8 million for its AI therapist", *Venturebeat*, March 1, 2018, https://venturebeat.com/2018/03/01/woebot-raises-8-million-for-its-ai-therapist/.

80. Ariana Eunjung Cha, "Watson's Next Feat? Taking on Cancer", *The Washington Post*, June 27, 2015, https://www.washingtonpost.com/sf/national/2015/06/27/watsons-next-feat-taking-on-cancer/?utm_

term=.181ac7a56c07.

81. Mary Chris Jaklevic, "MD Anderson Cancer Center's IBM Watson project fails, and so did the journalism related to it", *Health News Review*, February 23, 2017, https://www.healthnewsreview. org/2017/02/md-anderson-cancer-centers-ibm-watson-project-fails-journalism-related/

82. Mark Anderson, "Surprise! 2020 Is Not the Year for Self-Driving Cars", *IEEE Spectrum*, April 22, 2020, https://spectrum.ieee.org/transportation/self-driving/surprise-2020-is-not-the-year-for-selfdriving-cars.

83. Alex Knapp, "Aurora CEO Chris Urmson Says There'll Be Hundreds Of Self-Driving Cars On The Road In Five Years", *Forbes*, October 29, 2019, https://www.forbes.com/sites/alexknapp/2019/10/29/aurora-ceo-chris-urmson-says-therell-be-hundreds-of-self-driving-cars-on-the-road-in-five-years/#6cd5f163eb99.

84. Lex Fridman, "Chris Urmson: Self-Driving Cars at Aurora, Google, CMU, and DARPA", Artificial Intelligence Podcast, July 22, 2019, https://lexfridman.com/chris-urmson/.

85. Stefan Seltz-Axmacher, "The End of Starsky Robotics", blog, March 19, 2020, https://medium.com/starsky-robotics-blog/the-end-of-starsky-robotics-acb8a6a8a5f5.

86. Sam Dean, "Uber fares are cheap, thanks to venture capital. But is that free ride ending?", Los Angeles Times, May 11, 2019, https://www.latimes.com/business/technology/la-fi-tn-uber-ipo-lyft-fare-increase-20190511-story.html.

87. Waymo website, https://waymo.com/ and Darrell Etherington,

"https://techcrunch.com/2019/07/10/waymo-has-now-driven-10-billion-autonomous-miles-in-simulation/", TechCrunch, July 10, 2019, https://techcrunch.com/2019/07/10/waymo-has-now-driven-10-billion-autonomous-miles-in-simulation/.

88. Waymo website, https://waymo.com/.

89. Ray Kurzweil, "The Law of Accelerating Returns", KurzweilAI blog, March 7, 2001, https://www.kurzweilai.net/the-law-of-accelerating-returns.

90. Bloom, Nicholas, Charles I. Jones, John Van Reenen, and Michael Webb. 2020. "Are Ideas Getting Harder to Find?" American Economic Review, April 2020, 110 (4): 1104-44, https://www.aeaweb.org/articles?id=10.1257/aer.20180338, p.1138.

91. Ibid., p. 1104.

92. Ibid., p. 1104.

93. Sam Lemonick, "Exploring chemical space: Can AI take us where no human has gone before?", *Chemical and Engineering News*, April 6, 2020, https://cen.acs.org/physical-chemistry/computational-chemistry/Exploring-chemical-space-AI-take/98/i13

94. Ibid.

95. Delft University of Technology, "Researchers design new material using artificial intelligence", Phys.org, October 14, 2019, https://phys.org/news/2019-10-material-artificial-intelligence.html.

96. Beatrice Jin, "How AI Helps to Advance New Materials Discovery", Cornell Research, https://research.cornell.edu/research/how-ai-helps-advance-new-materials-discovery.

97. Savanna Hoover, "Artificial intelligence meets materials science",

*Texas A&M University Engineering News*, December 17, 2018, https://engineering.tamu.edu/news/2018/12/artificial-intelligence-meets-materials-science.html.

98. Kyle Wiggers, "Kebotix raises $11.5 million to automate lab experiments with AI and robotics", Venturebeat, April 16, 2020, https://venturebeat.com/2020/04/16/kebotix-raises-11-5-million-to-automate-lab-experiments-with-ai-and-robotics/.

99. Simon Smith, "230 Startups Using Artificial Intelligence in Drug Discovery", BenchSci Blog, Updated April 8, 2020, https://blog.benchsci.com/startups-using-artificial-intelligence-in-drug-discovery.

100. Martin Ford, *Architects of Intelligence*, Interview with Daphne Koller, p. 388.

101. Ned Pagliarulo, "AI's impact in drug discovery is coming fast, predicts GSK's Hal Barron", *BioPharma Dive*, November 21, 2019, https://www.biopharmadive.com/news/gsk-hal-barron-ai-drug-discovery-prediction-daphne-koller/567855/.

102. Anne Trafton, "Artificial intelligence yields new antibiotic", *MIT News*, February 20, 2020, http://news.mit.edu/2020/artificial-intelligence-identifies-new-antibiotic-0220

103. Richard Staines, "Exscientia claims world first as AI-created drug enters clinic", *Pharmaphorium*, January 30, 2020, https://pharmaphorum.com/news/exscientia-claims-world-first-as-ai-created-drug-enters-clinic/.

104. Matt Reynolds, "DeepMind's AI is getting closer to its first big real-world application", *Wired*, January 15, 2020, https://www.wired.co.uk/article/deepmind-protein-folding-alphafold.

105. Semantic Scholar Website, https://pages.semanticscholar.org/about-us

106. Ibid.

107. Khari Johnson, "Microsoft, White House, and Allen Institute release coronavirus data set for medical and NLP researchers", *Venturebeat,* March 16, 2020, https://venturebeat.com/2020/03/16/microsoft-white-house-and-allen-institute-release-coronavirus-data-set-for-medical-and-nlp-researchers/.

108. "CORD-19: COVID-19 Open Research Dataset", Accessed May 6, 2020, https://www.semanticscholar.org/cord19.

## 第四章

109. Samuel Butler, "Darwin Among the Machines, A Letter to the Editors", *The Press*, Christchurch, New Zealand, June 13, 1863,

110. McCarthy, J., Minsky, M., Rochester, N., Shannon, C.E., "A Proposal for the Dartmouth Summer Research Project on Artificial Intelligence", http://raysolomonoff.com/dartmouth/boxa/dart564props.pdf August, 1955

111. Brad Darrach, "Meet Shaky, the first electronic person: The fascinating and fearsome reality of a machine with a mind of its own," *LIFE,* November 20, 1970, p 58D.

112. Ibid.

113. Warren McCulloch and Walter Pitts, "A Logical Calculus of Ideas Immanent in Nervous Activity". *Bulletin of Mathematical Biophysics*, December 1943, Volume 5, Issue 4, pp 115–133.

114. Martin Ford, *Architects of Intelligence: The Truth About AI from the People Building It*, Packt Publishing, Birmingham, United Kingdom,

2018, Interview with Ray Kurzweil, p. 228.

115. Martin Ford, *Architects of Intelligence*, Interview with Yann LeCun, p. 122.

116. David E. Rumelhart, Geoffrey E. Hinton and Ronald J. Williams, "Learning representations by back-propagating errors", Nature, October 9, 1986, 323 (6088): 533–536, https://www.nature.com/articles/323533a0

117. Martin Ford, *Architects of Intelligence*, Interview with Geoffrey Hinton, p. 73.

118. Dave Gershgorn, "The data that transformed AI research—and possibly the world", *Quartz*, July 26, 2017, https://qz.com/1034972/the-data-that-changed-the-direction-of-ai-research-and-possibly-the-world/

119. Martin Ford, *Architects of Intelligence*, Interview with Geoffrey Hinton, p. 77.

120. Email from Jürgen Schmidhuber to Martin Ford, January 28, 2019.

121. See Schmidhuber's website: http://people.idsia.ch/~juergen/deep-learning-conspiracy.html.

122. John Markoff, "When A.I. Matures, It May Call Jürgen Schmidhuber 'Dad'", *New York Times*, November 27, 2016, https://www.nytimes.com/2016/11/27/technology/artificial-intelligence-pioneer-jurgen-schmidhuber-overlooked.html.

123. Robert Trigg, "What being an 'AI first' company means for Google", *Android Authority*, November 8, 2017, https://www.androidauthority.com/google-ai-first-812335/

124. Cade Metz, "Why A.I. Researchers at Google Got Desks Next to the

Boss", *New York Times*, February 19, 2019, https://www.nytimes. com/2018/02/19/technology/ai-researchers-desks-boss.html

## 第五章

125. Martin Ford, *Architects of Intelligence*, Interview with Geoffrey Hinton, p. 72-3.

126. Matt Reynolds, "New computer vision challenge wants to teach robots to see in 3D", *New Scientist*, April 7, 2017, https://www. newscientist.com/article/2127131-new-computer-vision-challenge-wants-to-teach-robots-to-see-in-3d/#ixzz6Bn64BwkO

127. Ashlee Vance, "Silicon Valley's Latest Unicorn Is Run by a 22-Year-Old", *Bloomberg Businessweek*, August 5, 2019, https://www. bloomberg.com/news/articles/2019-08-05/scale-ai-is-silicon-valley-s-latest-unicorn

128. DeepMind Research, "Playing Atari with Deep Reinforcement Learning", January 1, 2013, https://deepmind.com/research/publications/playing-atari-deep-reinforcement-learning.

129. Volodymyr Mnih, Koray Kavukcuoglu, David Silver, Andrei A. Rusu, Joel Veness, Marc G. Bellemare, Alex Graves, Martin Riedmiller, Andreas K. Fidjeland, Georg Ostrovski, Stig Petersen, Charles Beattie, Amir Sadik, Ioannis Antonoglou, Helen King, Dharshan Kumaran, Daan Wierstra, Shane Legg & Demis Hassabis, "Human-level control through deep reinforcement learning", *Nature*, February 25, 2015, 518, pages529–533(2015), https://www.nature.com/articles/nature14236.

130. Tu Yuanyuan, "The game of Go: Ancient Wisdom", *Confucius*

*Institute Magazine*, November 2011, https://confuciusmag.com/go-game.

131. David Silver and Demis Hassabis, "AlphaGo: Mastering the ancient game of Go with Machine Learning", *Google AI Blog*, January 27, 2016, https://ai.googleblog.com/2016/01/alphago-mastering-ancient-game-of-go.html

132. Kai-Fu Lee, "China's 'Sputnik Moment' and the Sino-American Battle for AI Supremacy", *Asia Society Blog*, September 25, 2018, https://asiasociety.org/blog/asia/chinas-sputnik-moment-and-sino-american-battle-ai-supremacy

133. John Markoff, "Scientists See Promise in Deep-Learning Programs", *New York Times*, November 23, 2012, https://www.nytimes.com/2012/11/24/science/scientists-see-advances-in-deep-learning-a-part-of-artificial-intelligence.html

134. "AI and Compute", OpenAI Blog, May 16, 2018, https://openai.com/blog/ai-and-compute/

135. Will Knight, "Facebook's Head of AI Says the Field Will Soon 'Hit the Wall'", Wired, December 4, 2019, https://www.wired.com/story/facebooks-ai-says-field-hit-wall/?utm_source=twitter&utm_medium=social&utm_campaign=onsite-share&utm_brand=wired&utm_social-type=earned.

136. Kim Martineau, "Shrinking deep learning's carbon footprint", *MIT News*, August 7, 2020, https://news.mit.edu/2020/shrinking-deep-learning-carbon-footprint-0807.

137. Vicarious Research, "General Game Playing with Schema Networks", August 7, 2017, https://www.vicarious.com/2017/08/07/general-

game-playing-with-schema-networks/

138. Sam Shead, "Researchers: Are we on the cusp of an 'AI winter'?", BBC News, January 12, 2020, https://www.bbc.com/news/technology-51064369

139. Filip Piekniewski, "AI Winter Is Well On Its Way", Piekniewski's Blog, May 28, 2018, https://blog.piekniewski.info/2018/05/28/ai-winter-is-well-on-its-way/.

140. Martin Ford, *Architects of Intelligence,* Interview with Jeffery Dean, p. 377.

141. "Navigating with grid-like representations in artificial agents", DeepMind Research blog, May 9, 2018, https://deepmind.com/blog/article/grid-cells

142. Martin Ford, *Architects of Intelligence*, Interview with Demis Hassabis, p. 173.

143. Banino, A., Barry, C., Uria, B. et al. "Vector-based navigation using grid-like representations in artificial agents", *Nature*, May 9, 2018, 557, 429–433 (2018), https://www.nature.com/articles/s41586-018-0102-6#citeas

144. Will Dabney and Zeb Kurth-Nelson, "Dopamine and temporal difference learning: A fruitful relationship between neuroscience and AI", DeepMind Research Blog, January 15, 2020, https://deepmind.com/blog/article/Dopamine-and-temporal-difference-learning-A-fruitful-relationship-between-neuroscience-and-AI.

145. Martin Ford, *Architects of Intelligence*, Interview with Demis Hassabis, p. 172-3.

146. Jeremy Kahn, "A.I. breakthroughs in natural-language processing

are big for business", *Fortune*, January 20, 2020, https://fortune. com/2020/01/20/natural-language-processing-business/.

147. Martin Ford, *Architects of Intelligence*, Interview with David Ferrucci, p. 409

148. Ibid. p. 414.

149. "Do You Trust This Computer", released April 5, 2018, Papercut Films, http://doyoutrustthiscomputer.org/.

150. Martin Ford, *Architects of Intelligence*, Interview with David Ferrucci, p. 414.

151. Martin Ford, *Architects of Intelligence*, Interview with Ray Kurzweil, p. 230-1

152. Mitch Kapor and Ray Kurzweil, "A Wager on the Turing Test: The Rules", Kurzweil AI Blog, April 9, 2002, https://www.kurzweilai.net/ a-wager-on-the-turing-test-the-rules

153. Sean Levinson, "A Google Executive Is Taking 100 Pills A Day So He Can Live Forever", Elite Daily, April 15, 2015, https://www.elitedaily. com/news/world/google-executive-taking-pills-live-forever/1001270.

154. Martin Ford, *Architects of Intelligence,* Interview with Ray Kurzweil, p. 240-1.

155. Ibid., p. 230.

156. Ibid., p. 233.

157. James Vincent, "OpenAI's latest breakthrough is astonishingly powerful, but still fighting its flaws", *The Verge*, July 30, 2020, https://www.theverge.com/21346343/gpt-3-explainer-openai-examples-errors-agi-potential.

158. Gary Marcus and Ernest Davis, "GPT-3, Bloviator: OpenAI's

language generator has no idea what it's talking about", *MIT Technology Review*, August 22, 2020, https://www.technologyreview. com/2020/08/22/1007539/gpt3-openai-language-generator-artificial-intelligence-ai-opinion/.

159. Martin Ford, *Architects of Intelligence*, Interview with Stuart Russell, p. 53.

160. "OpenAI Founder: Short-Term AGI Is a Serious Possibility", *Synced*, November 13, 2018, https://syncedreview.com/2018/11/13/openai-founder-short-term-agi-is-a-serious-possibility/.

161. Sam Altman in Conversation with StrictlyVC (video), May 18, 2019, https://youtu.be/TzcJlKg2Rc0, location 39:00.

162. Luke Dormehl, "Neuro-symbolic A.I. is the future of artificial intelligence. Here's how it works", Digital Trends, January 5, 2020, https://www.digitaltrends.com/cool-tech/neuro-symbolic-ai-the-future/

163. Martin Ford, *Architects of Intelligence*, Interview with Yoshua Bengio, p. 22.

164. Martin Ford, *Architects of Intelligence*, Interview with Geoffrey Hinton, p. 84-5.

165. Martin Ford, Architects of Intelligence, Interview with Yann LeCun, p. 123.

166. Anthony M. Zador, "A critique of pure learning and what artificial neural networks can learn from animal brains", *Nature Communications*, August 21, 2019, 10, 3770 (2019), https://www. nature.com/articles/s41467-019-11786-6.

167. Zoey Chong, "AI beats humans in Stanford reading comprehension

test", CNET, January 16, 2018, https://www.cnet.com/news/new-results-show-ai-is-as-good-as-reading-comprehension-as-we-are/

168. All Winograd Schema examples are taken from a collection created by Ernest Davis at New York University: https://cs.nyu.edu/davise/papers/WSOld.html.

169. Martin Ford, *Architects of Intelligence*, Interview with Oren Etzioni, p. 495-6.

170. Ibid.

171. Martin Ford, *Architects of Intelligence*, Interview with Yoshua Bengio, p. 21.

172. Martin Ford, *Architects of Intelligence*, Interview with Yann LeCun, p. 126-7.

173. Ibid., p. 130.

174. Martin Ford, *Architects of Intelligence*, Interview with Joshua Tenenbaum, p. 471-2.

175. Will Knight, "An AI Pioneer Wants His Algorithms to Understand the 'Why'", *Wired*, October 8, 2019, https://www.wired.com/story/ai-pioneer-algorithms-understand-why/.

176. "AlphaStar: Mastering the Real-Time Strategy Game StarCraft II", DeepMind Research Blog, January 24, 2019, https://deepmind.com/blog/article/alphastar-mastering-real-time-strategy-game-starcraft-ii.

177. Ford, *Architects of Intelligence*, p. 528.

## 第六章

178. 我們的時間旅行者假設是基於美國前財政部長兼國家經濟委員會主任勞倫斯・薩默斯。他在 2016 年 11 月預測到 2050 年將有四分之一到三分之一的工作年齡男性失業。("Axe Files" podcast with David Axelrod, episode 98).

179. Sam Fleming and Brooke Fox, "US states that voted for Trump most vulnerable to job automation", *Financial Timess*, January 23, 2019, https://www.ft.com/content/cbf2a01e-1f41-11e9-b126-46fc3ad87c65.

180. Carol Graham, "Understanding the role of despair in America's opioid crisis", Brookings Institution, October 15, 2019, https://www.brookings.edu/policy2020/votervital/how-can-policy-address-the-opioid-crisis-and-despair-in-america/.

181. A number of studies have suggested about half of jobs or tasks could be automated in the next two decades or so. See, for example: Carl Benedikt Frey and Michael A. Osborne, "The Future of Employment: How Susceptible Are Jobs to Computerisation?," Oxford Martin School, Programme on the Impacts of Future Technology, September 17, 2013, p. 38, http://www.futuretech.ox.ac.uk/sites/futuretech.ox.ac.uk/files/The_Future_of_Employment_OMS_Working_Paper_1.pdf.

182. U.S. Bureau of Labor Statistics, Unemployment Rate [UNRATE], retrieved from FRED, Federal Reserve Bank of St. Louis; https://fred.stlouisfed.org/series/UNRATE, July 18, 2020. and Greg Rosalsky, "Are We Even Close To Full Employment?", NPR Planet Money, July 2, 2019, https://www.npr.org/sections/money/2019/07/02/737790095/are-we-even-close-to-full-employment.

183. Organization for Economic Co-operation and Development,

Activity Rate: Aged 25-54: Males for the United States [LRAC25MAUSM156S], retrieved from FRED, Federal Reserve Bank of St. Louis; https://fred.stlouisfed.org/series/LRAC25MAUSM156S, July 17, 2020.

184. "Trends in Social Security Disability Insurance", Social Security Office of Retirement and Disability Policy, Briefing Paper No. 2019-01 (released August 2019), https://www.ssa.gov/policy/docs/briefing-papers/bp2019-01.html.

185. U.S. Bureau of Labor Statistics, Labor Force Participation Rate [CIVPART], retrieved from FRED, Federal Reserve Bank of St. Louis; https://fred.stlouisfed.org/series/CIVPART, July 17, 2020.

186. U.S. Bureau of Labor Statistics, Business Sector: Real Output Per Hour of All Persons [OPHPBS], retrieved from FRED, Federal Reserve Bank of St. Louis; https://fred.stlouisfed.org/series/OPHPBS, July 22, 2020

187. World Bank, GINI Index for the United States [SIPOVGINIUSA], retrieved from FRED, Federal Reserve Bank of St. Louis; https://fred.stlouisfed.org/series/SIPOVGINIUSA, July 20, 2020.

188. Martha Ross and Nicole Bateman, "Low-wage work is more pervasive than you think, and there aren't enough 'good jobs' to go around", Brookings Institution, November 21, 2019, https://www.brookings.edu/blog/the-avenue/2019/11/21/low-wage-work-is-more-pervasive-than-you-think-and-there-arent-enough-good-jobs-to-go-around/.

189. The U.S. Private Sector Job Quality Index (JQI), https://www.jobqualityindex.com/.

190. Gwynn Guilford, "The great American labor paradox: Plentiful

jobs, most of them bad", *Quartz*, November 21, 2019,https://qz.com/1752676/the-job-quality-index-is-the-economic-indicator-weve-been-missing/.

191. Elizabeth Redden, "41% of Recent Grads Work in Jobs Not Requiring a Degree", *Inside Higher Ed*, February 18, 2020, https://www.insidehighered.com/quicktakes/2020/02/18/41-recent-grads-work-jobs-not-requiring-degree.

192. "The Phillips curve may be broken for good", *The Economist*, November 1, 2017, https://www.economist.com/graphic-detail/2017/11/01/the-phillips-curve-may-be-broken-for-good.

193. Jeff Jeffrey, "U.S. companies are rolling in cash, and they're growing increasingly fearful to spend it", *The Business Journals*, December 12, 2018, https://www.bizjournals.com/bizjournals/news/2018/12/12/u-s-companies-are-hoarding-cash-and-theyre-growing.html

194. 我在 2015 年出版的《被科技威脅的未來》一書中更詳細地解釋了生產力受限於需求的觀點。我覺得令人有些驚訝的是，經濟學家並未更關注這個問題，而是傾向於簡單地聲稱缺乏「生產力飆升」的證據，以證明工作自動化不是一個問題。

195. Martin Ford, *Architects of Intelligence*, Interview with James Manyika, pp. 285-6.

196. Nir Jaimovich and Henry E. Siu, "Job Polarization and Jobless Recoveries", NBER Working Paper 18334, Issued in August 2012, Revised in November 2018, https://www.nber.org/papers/w18334.

197. Jacob Bunge and Jesse Newman, "Tyson Turns to Robot Butchers, Spurred by Coronavirus Outbreaks", *Wall Street Journal*, July 9, 2020, https://www.wsj.com/articles/meatpackers-covid-safety-automation-

robots-coronavirus-11594303535.

198. Miso Robotics Press Release, "White Castle Selects Miso Robotics for a New Era of Artificial Intelligence in the Fast Food Industry", July 14, 2020, https://www.prnewswire.com/news-releases/white-castle-selects-miso-robotics-for-a-new-era-of-artificial-intelligence-in-the-fast-food-industry-301092746.html.

199. James Manyika, Susan Lund, Michael Chui, Jacques Bughin, Jonathan Woetzel, Parul Batra, Ryan Ko, and Saurabh Sanghvi, "Jobs lost, jobs gained: What the future of work will mean for jobs, skills, and wages", McKinsey Global Institute, November 28, 2017, https://www.mckinsey.com/featured-insights/future-of-work/jobs-lost-jobs-gained-what-the-future-of-work-will-mean-for-jobs-skills-and-wages

200. Ferris Jabr, "Cache Cab: Taxi Drivers' Brains Grow to Navigate London's Streets", *Scientific American*, December 8, 2011, https://www.scientificamerican.com/article/london-taxi-memory/.

201. Kate Conger, "Facebook Starts Planning for Permanent Remote Workers", *New York Times*, May 21, 2020, https://www.nytimes.com/2020/05/21/technology/facebook-remote-work-coronavirus.html.

202. Alexandre Tanzi, "Gloom Grips U.S. Small Businesses, With 52% Predicting Failure", *Bloomberg*, May 6, 2020, https://www.bloomberg.com/news/articles/2020-05-06/majority-of-u-s-small-businesses-expect-to-close-survey-says.

203. Alred Liu, "Robots to Cut 200,000 U.S. Bank Jobs in Next Decade, Study Says", *Bloomberg*, October 1, 2019. https://www.bloomberg.com/news/articles/2019-10-02/robots-to-cut-200-000-u-s-bank-jobs-

in-next-decade-study-says.

204. Jack Kelly, "Artificial Intelligence Is Superseding Well-Paying Wall Street Jobs", *Forbes*, December 10, 2019, https://www.forbes.com/sites/jackkelly/2019/12/10/artificial-intelligence-is-superseding-well-paying-wall-street-jobs/#d3f604b524da.

205. "Top Healthcare Chatbots Startups", Tracxn, https://tracxn.com/d/trending-themes/Startups-in-Healthcare-Chatbots

206. "Aroma: Using machine learning for code recommendation", Facebook AI Blog, April 4, 2019, https://ai.facebook.com/blog/aroma-ml-for-code-recommendation/.

207. Will Douglas Heaven, "OpenAI's new language generator GPT-3 is shockingly good—and completely mindless", *MIT Technology Review*, July 20, 2020, https://www.technologyreview.com/2020/07/20/1005454/openai-machine-learning-language-generator-gpt-3-nlp/.

208. Jacques Bughin, Jeongmin Seong, James Manyika, Michael Chui and Raoul Joshi, "Notes from the AI Frontier: Modeling the Impact of AI on the World Economy", McKinsey Global Institute, September 2018, https://www.mckinsey.com/~/media/McKinsey/Featured%20Insights/Artificial%20Intelligence/Notes%20from%20the%20frontier%20Modeling%20the%20impact%20of%20AI%20on%20the%20world%20economy/MGI-Notes-from-the-AI-frontier-Modeling-the-impact-of-AI-on-the-world-economy-September-2018.ashx.

209. Anand S. Rao and Gerard Verweij, "Sizing the prize: What's the real value of AI for your business and how can you capitalise?", PwC,

October 2018, https://www.pwc.com/gx/en/issues/analytics/assets/pwc-ai-analysis-sizing-the-prize-report.pdf.

210. "Notes from the AI Frontier: Modeling the Impact of AI on the World Economy", McKinsey Global Institute, p 3.

## 第七章

211. Chris Buckley, Paul Mozur and Austin Ramzy, "How China Turned a City into a Prison", *New York Times*, April 4, 2019, https://www.nytimes.com/interactive/2019/04/04/world/asia/xinjiang-china-surveillance-prison.html.

212. James Vincent, "Chinese netizens spot AI books on president Xi Jinping's bookshelf", *The Verge*, January 3, 2018, https://www.theverge.com/2018/1/3/16844364/china-ai-xi-jinping-new-years-speech-books.

213. Tom Simonite, "China Is Catching Up to the US in AI Research—Fast", Wired, March 13, 2019, https://www.wired.com/story/china-catching-up-us-in-ai-research/.

214. Robust Vision Challenge website, http://www.robustvision.net/rvc2018.php.

215. National University of Defense Technology website, https://english.nudt.edu.cn/About/index.htm

216. Nicolas Thompson, Ian Bremmer, "The AI Cold War That Threatens Us All", Wired, October 23, 2018, https://www.wired.com/story/ai-cold-war-china-could-doom-us-all/.

217. Alex Hern, "China censored Google's AlphaGo match against world's best Go player", *The Guardian*, May 24, 2017, https://www.

theguardian.com/technology/2017/may/24/china-censored-googles-alphago-match-against-worlds-best-go-player.

218. "A New Generation Artificial Intelligence Development Plan", Issued by China's State Council on July 20, 2017. Translation by Graham Webster, Rogier Creemers, Paul Triolo, and Elsa Kania, New America Foundation,

219. "Number of internet users in China 2008-2020", Statista, https://www.statista.com/statistics/265140/number-of-internet-users-in-china/.

220. "Penetration rate of internet users in China 2008-2020", Statista, https://www.statista.com/statistics/236963/penetration-rate-of-internet-users-in-china/.

221. Rachel Metz, "Baidu Could Beat Google in Self-Driving Cars with a Totally Google Move", *MIT Technology Review*, January 8, 2018, https://www.technologyreview.com/2018/01/08/146351/baidu-could-beat-google-in-self-driving-cars-with-a-totally-google-move/.

222. Jon Russell, "Former Microsoft executive and noted AI expert Qi Lu joins Baidu as COO", TechCrunch, January 16, 2017, https://techcrunch.com/2017/01/16/qi-lu-joins-baidu-as-coo/.

223. Martin Ford, *Architects of Intelligence*, Interview with Demis Hassabis, p 179.

224. Field Cady and Oren Etzioni, "China May Overtake US in AI Research", Allen Institute of AI blog, March 13, 2019, https://medium.com/ai2-blog/china-to-overtake-us-in-ai-research-8b6b1fe30595.

225. Jeffrey Ding, "Deciphering China's AI Dream: The context,

components, capabilities, and consequences of China's strategy to lead the world in AI", Future of Humanity Institute, University of Oxford, March 2018, https://www.fhi.ox.ac.uk/wp-content/uploads/Deciphering_Chinas_AI-Dream.pdf.

226. Jeffrey Ding, "China's Current Capabilities, Policies, and Industrial Ecosystem in AI", Testimony before the U.S.-China Economic and Security Review Commission Hearing on Technology, Trade, and Military-Civil Fusion: China's Pursuit of Artificial Intelligence, New Materials, and New Energy, June 7, 2019, https://www.uscc.gov/sites/default/files/June%207%20Hearing_Panel%201_Jeffrey%20Ding_China%27s%20Current%20Capabilities%2C%20Policies%2C%20and%20Industrial%20Ecosystem%20in%20AI.pdf.

227. Kai-Fu Lee, "What China Can Teach the U.S. About Artificial Intelligence", *New York Times*, September 22, 2018, https://www.nytimes.com/2018/09/22/opinion/sunday/ai-china-united-states.html.

228. Kathrin Hille and Richard Waters, "Washington unnerved by China's 'military-civil fusion'", *Financial Times*, November 7, 2018, https://www.ft.com/content/8dcb534c-dbaf-11e8-9f04-38d397e6661c.

229. Scott Shane and Daisuke Wakabayashi, " 'The Business of War': Google Employees Protest Work for the Pentagon", *New York Times*, April 4, 2018, https://www.nytimes.com/2018/04/04/technology/google-letter-ceo-pentagon-project.html.

230. Tom Simonite, "Behind the Rise of China's Facial-Recognition Giants", *Wired*, September 3, 2019, https://www.wired.com/story/behind-rise-chinas-facial-recognition-giants/.

231. Paul Mozur and Aaron Krolik, "A Surveillance Net Blankets China's Cities, Giving Police Vast Powers", New York Times, December 17, 2019, https://www.nytimes.com/2019/12/17/technology/china-surveillance.html?action=click&module=Top%20Stories&pgtype=Homepage.

232. Amy B. Wang, "A suspect tried to blend in with 60,000 concertgoers. China's facial-recognition cameras caught him.", *Washington Post*, April 13, 2018, https://www.washingtonpost.com/news/worldviews/wp/2018/04/13/china-crime-facial-recognition-cameras-catch-suspect-at-concert-with-60000-people/.

233. Paul Mozur, "Inside China's Dystopian Dreams: A.I., Shame and Lots of Cameras", *New York Times*, July 8, 2018, nytimes.com/2018/07/08/business/china-surveillance-technology.html.

234. Paul Moser, "One Month, 500,000 Face Scans: How China Is Using A.I. to Profile a Minority", *New York Times*, April 14, 2019, https://www.nytimes.com/2019/04/14/technology/china-surveillance-artificial-intelligence-racial-profiling.html.

235. Ibid.

236. Simina Mistreanu, "Life Inside China's Social Credit Laboratory", *Foreign Policy*, April 3, 2018, https://foreignpolicy.com/2018/04/03/life-inside-chinas-social-credit-laboratory/.

237. Echo Huang, "Garbage-sorting violators in China now risk being punished with a junk credit rating", *Quartz*, January 7, 2018, https://qz.com/1173975/garbage-sorting-violators-in-china-risk-getting-a-junk-credit-rating/.

238. Maya Wang, "China's Chilling 'Social Credit' Blacklist", Human

Rights Watch website, December 12, 2017, https://www.hrw.org/news/2017/12/13/chinas-chilling-social-credit-blacklist.

239. Nicole Kobie, "The complicated truth about China's social credit system", *Wired*, June 2, 2019, https://www.wired.co.uk/article/china-social-credit-system-explained.

240. Steven Feldstein, "The Global Expansion of AI Surveillance", Carnegie Endowment for International Peace, September 17, 2019, https://carnegieendowment.org/2019/09/17/global-expansion-of-ai-surveillance-pub-79847.

241. Yuan Yang and Madhumita Murgia, "Facial recognition: how China cornered the surveillance market", Financial Times, December 6, 2019, https://www.ft.com/content/6f1a8f48-1813-11ea-9ee4-11f260415385.

242. Russell Brandon, "The case against Huawei, explained", *The Verge*, May 22, 2019, https://www.theverge.com/2019/5/22/18634401/huawei-ban-trump-case-infrastructure-fears-google-microsoft-arm-security.

243. Will Knight, "Trump's Latest Salvo Against China Targets AI Firms", *Wired*, October 9, 2019, https://www.wired.com/story/trumps-salvo-against-china-targets-ai-firms/.

244. Kashmir Hill, "The Secretive Company That Might End Privacy as We Know It", *New York Times*, January 18, 2020, https://www.nytimes.com/2020/01/18/technology/clearview-privacy-facial-recognition.html.

245. Ibid.

246. Ibid.

247. Ryan Mac, Caroline Haskins and Logan McDonald, "Clearview's Facial Recognition App Has Been Used By The Justice Department, ICE, Macy's, Walmart, And The NBA", February 27, 2020, https://www.buzzfeednews.com/article/ryanmac/clearview-ai-fbi-ice-global-law-enforcement.

248. Alfred Ng and Steven Musil, "Clearview AI hit with cease-and-desist from Google, Facebook over facial recognition collection", CNET, February 5, 2020, https://www.cnet.com/news/clearview-ai-hit-with-cease-and-desist-from-google-over-facial-recognition-collection/.

249. Zack Whittaker, "Apple has blocked Clearview AI's iPhone app for violating its rules", *TechCrunch*, February 28, 2020, https://techcrunch.com/2020/02/28/apple-ban-clearview-iphone/.

250. Nick Statt, "ACLU sues facial recognition firm Clearview AI, calling it a 'nightmare scenario' for privacy", *The Verge*, May 28, 2020, https://www.theverge.com/2020/5/28/21273388/aclu-clearview-ai-lawsuit-facial-recognition-database-illinois-biometric-laws.

251. Paul Bischoff, "Surveillance camera statistics: which cities have the most CCTV cameras?", Comparitech, August 1, 2019, https://www.comparitech.com/vpn-privacy/the-worlds-most-surveilled-cities/.

252. "Met Police to deploy facial recognition cameras", BBC, January 30, 2020, https://www.bbc.com/news/uk-51237665.

253. Clare Garvie, Alvaro Bedoya and Jonathan Frankle, "The Pertual Line-up: Unregulated Police Face Recognition in America", Georgetown Law Center on Privacy and Technology, October 18, 2016, https://www.perpetuallineup.org/.

254. "Met Police to deploy facial recognition cameras", BBC, January 30,

2020, https://www.bbc.com/news/uk-51237665.

255. Garcia, "Can Facial Recognition Overcome Its Racial Bias?", *Yes! Magazine*, April 16, 2020, https://www.yesmagazine.org/social-justice/2020/04/16/privacy-facial-recognition/.

256. Sasha Ingber, "Facial Recognition Software Wrongly Identifies 28 Lawmakers As Crime Suspects", NPR, July 26, 2018, https://www.npr.org/2018/07/26/632724239/facial-recognition-software-wrongly-identifies-28-lawmakers-as-crime-suspects.

257. Patrick Grother, Mei Ngan and Kayee Hanaoka, "Face Recognition Vendor Test (FRVT), Part 3: Demographic Effects", National Institute of Standards and Technology, December 2019, https://nvlpubs.nist.gov/nistpubs/ir/2019/NIST.IR.8280.pdf.

258. Isabella Garcia, "Can Facial Recognition Overcome Its Racial Bias?", *Yes! Magazine*, April 16, 2020, https://www.yesmagazine.org/social-justice/2020/04/16/privacy-facial-recognition/.

259. Amy Hawkins, "Beijing's Big Brother Tech Needs African Faces", *Foreign Policy*, July 24, 2018, https://foreignpolicy.com/2018/07/24/beijings-big-brother-tech-needs-african-faces/.

## 第八章

260. "Fake voices 'help cyber-crooks steal cash'", BBC News, July 8, 2019, https://www.bbc.com/news/technology-48908736.

261. Martin Giles, "The GANfather: The man who's given machines the gift of imagination", MIT Technology Review, February 21, 2018, https://www.technologyreview.com/2018/02/21/145289/the-ganfather-the-man-whos-given-machines-the-gift-of-imagination/.

262. James Vincent, "Watch Jordan Peele use AI to make Barack Obama deliver a PSA about fake news", *The Verge*, April 17, 2018, https://www.theverge.com/tldr/2018/4/17/17247334/ai-fake-news-video-barack-obama-jordan-peele-buzzfeed.

263. DeepTrace website: https://deeptracelabs.com/.

264. Ian Sample, "What are deepfakes – and how can you spot them?", The Guardian, January 13, 2020, https://www.theguardian.com/technology/2020/jan/13/what-are-deepfakes-and-how-can-you-spot-them.

265. Lex Fridman, Interview with Ian Goodfellow, Artificial Intelligence Podcast, April 18, 2019, https://www.youtube.com/watch?v=Z6rxFNMGdn0.

266. J.J. McCorvey, "This image-authentication startup is combating faux social media accounts, doctored photos, deep fakes, and more", *Fast Company*, February 19, 2019, https://www.fastcompany.com/90299000/truepic-most-innovative-companies-2019.

267. "Attacking Machine Learning with Adversarial Examples", OpenAI blog, February 24, 2017, https://openai.com/blog/adversarial-example-research/.

268. Anant Jain, "Breaking neural networks with adversarial attacks", Towards Data Science, February 9, 2019, https://towardsdatascience.com/breaking-neural-networks-with-adversarial-attacks-f4290a9a45aa.

269. Ibid.

270. *Slaughterbots* (video), Space Digital, November 12, 2017, https://www.youtube.com/watch?reload=9&v=9CO6M2HsoIA.

271. Martin Ford, *Architects of Intelligence*, Interview with Stuart Russell, p. 59.

272. "Country Views on Killer Robots", Campaign to Stop Killer Robots, August 21, 2019, https://www.stopkillerrobots.org/wp-content/uploads/2019/08/KRC_CountryViews21Aug2019.pdf.

273. "Russia, United States attempt to legitimize killer robots", Campaign to Stop Killer Robots, August 22, 2019, https://www.stopkillerrobots.org/2019/08/russia-united-states-attempt-to-legitimize-killer-robots/.

274. Zachary Kallenborn, "Swarms of Mass Destruction: The Case For Declaring Armed and Fully Autonomous Drone Swarms As WMD", Modern War Institute, May 28, 2020, https://mwi.usma.edu/swarms-mass-destruction-case-declaring-armed-fully-autonomous-drone-swarms-wmd/.

275. Kris Osborn, "Here Come the Army's New Class of 10-Ton Robots", *National Interest*, May 21, 2020, https://nationalinterest.org/blog/buzz/here-come-armys-new-class-10-ton-robots-156351.

276. Rachel England, "The US Air Force is preparing a human versus AI dogfight", *Engaget*, June 8, 2020, https://www.engadget.com/the-air-force-will-pit-an-autonomous-fighter-drone-against-a-pilot-121526011.html.

277. Kris Osborn, "Robot vs. Robot War? Now China Has Semi-Autonomous Fighting Ground Robots", *National Interest*, June 15, 2020, https://nationalinterest.org/blog/buzz/robot-vs-robot-war-now-china-has-semi-autonomous-fighting-ground-robots-162782.

278. Neil Johnson, Guannan Zhao, Eric Hunsader, Hong Qi, Nicholas Johnson, Jing Meng, and Brian Tivnan, "Abrupt Rise of New

Machine Ecology Beyond Human Response Time," *Nature*, September 11, 2013, http://www .nature.com/srep/2013/130911/ srep02627/full/srep02627.html.

279. Martin Ford, *Architects of Intelligence*, Interview with Stuart Russell, p. 59.

280. Jeffrey Dastin, "Amazon scraps secret AI recruiting tool that showed bias against women", Reuters, October 9, 2018, https://www.reuters. com/article/us-amazon-com-jobs-automation-insight/amazon-scraps-secret-ai-recruiting-tool-that-showed-bias-against-women-idUSKCN1MK08G.

281. Julia Angwin, Jeff Larson, Surya Mattu and Lauren Kirchner, "Machine Bias", *Propublica*, May 23, 2016, https://www.propublica. org/article/machine-bias-risk-assessments-in-criminal-sentencing.

282. Ibid.

283. Ford, *Architects of Intelligence*, Interview with James Manyika, p. 279.

284. Martin Ford, *Architects of Intelligence*, Interview with Fei-Fei Li, p. 157.

285. Stephen Hawking, Stuart Russell, Max Tegmark, and Frank Wilczek, "Stephen Hawking: 'Transcendence Looks at the Implications of Artificial Intelligence—But Are We Taking AI Seriously Enough?,'" The Independent, May 1, 2014, http://www.independent.co.uk/ news/science/stephen-hawking-transcendence-looks-at-the-implications-of-artificial-intelligence-but-are-we-taking-ai-seriously-enough-9313474.html.

286. Nick Bostrom, *Superintelligence: Paths, Dangers, Strategies*, Oxford University Press, 2014, p. vii.

287. Matt McFarland, "Elon Musk: 'With artificial intelligence we are summoning the demon.'", *Washington Post*, October 24, 2014, https://www.washingtonpost.com/news/innovations/wp/2014/10/24/elon-musk-with-artificial-intelligence-we-are-summoning-the-demon/.

288. Sam Harris, "Can we build AI without losing control over it?", Ted Talk, June 2016, https://www.ted.com/talks/sam_harris_can_we_build_ai_without_losing_control_over_it?language=en.

289 Irving John Good, "Speculations concerning the first ultraintelligent machine", *Advanced in Computers*, 1965, 6: 31-88, https://vtechworks.lib.vt.edu/bitstream/handle/10919/89424/TechReport05-3.pdf?sequence=1.

290. Stuart Russell, *Human Compatible: Artificial Intelligence and the Problem of Control*, Viking, New York, 2019, pp. 173-177.

291. Stuart Russell, "How to Stop Superhuman A.I. Before It Stops Us", *New York Times*, October 8, 2019, https://www.nytimes.com/2019/10/08/opinion/artificial-intelligence.html.

292. Martin Ford, Architects of Intelligence, Interview with Rodney Brooks, p. 440-1.

## 結論

293. Rebecca Heilweil, "Big tech companies back away from selling facial recognition to police", Recode, June 11, 2020, https://www.vox.com/recode/2020/6/10/21287194/amazon-microsoft-ibm-facial-recognition-moratorium-police.

294 Joseph Zeballos-Roig, "Kamala Harris supports $2,000 monthly

stimulus checks to help Americans claw out of pandemic ruin — and she's long backed plans for Democrats to give people more money", *Business Insider*, August 15, 2020, https://www.businessinsider.com/kamala-harris-biden-monthly-stimulus-checks-economic-policy-support-vice-2020-8.

295. Bob Berwyn, "What Does '12 Years to Act on Climate Change' (Now 11 Years) Really Mean?", *Inside Climate News*, August 27, 2019, https://insideclimatenews.org/news/27082019/12-years-climate-change-explained-ipcc-science-solutions.

296. Bill Gates, "COVID-19 is awful. Climate change could be worse.", Gates Notes, August 4, 2020, https://www.gatesnotes.com/Energy/Climate-and-COVID-19.

297. Bill Gates, "Climate change and the 75% problem", Gates Notes, October 17, 2018, https://www.gatesnotes.com/Energy/My-plan-for-fighting-climate-change.

298. Bloom, Nicholas, Charles I. Jones, John Van Reenen, and Michael Webb. 2020. "Are Ideas Getting Harder to Find?" *American Economic Review*, April 2020, 110 (4): 1104-44, https://www.aeaweb.org/articles?id=10.1257/aer.20180338, p.1138.

299. Mark Aguiar, Mark Bils, Kerwin Kofi Charles, Erik Hurst, "Leisure Luxuries and the Labor Supply of Young Men", NBER Working Paper No. 23552, June 2017, https://www.nber.org/papers/w23552.

高寶書版集團
gobooks.com.tw

RI 364

AI 無所不在的未來：當人工智慧成為電力般的存在，人類如何控管風險、發展應用與保住工作？
Rule of the Robots: How Artificial Intelligence Will Transform Everything

作　　者　馬丁‧福特（Martin Ford）
譯　　者　曾琳之
責任編輯　林子鈺
封面設計　Z 設計
內文編排　賴姵均
企　　劃　何嘉雯


發 行 人　朱凱蕾
出　　版　英屬維京群島商高寶國際有限公司台灣分公司
　　　　　Global Group Holdings, Ltd.
地　　址　台北市內湖區洲子街 88 號 3 樓
網　　址　gobooks.com.tw
電　　話　（02）27992788
電　　郵　readers@gobooks.com.tw（讀者服務部）
傳　　真　出版部（02）27990909　行銷部（02）27993088
郵政劃撥　19394552
戶　　名　英屬維京群島商高寶國際有限公司台灣分公司
發　　行　英屬維京群島商高寶國際有限公司台灣分公司
初版日期　2022 年 7 月

國家圖書館出版品預行編目（CIP）資料

AI 無所不在的未來：當人工智慧成為電力般的存在，人類
如何控管風險、發展應用與保住工作？/ 馬丁‧ 福特
（Martin Ford）著；曾琳之譯 . -- 初版 . -- 臺北市：高寶國
際出版：高寶國際發行，2022.07
　　面；　　公分 . -- （致富館；RI 364）

ISBN 978-986-506-472-3（平裝）

1. 人工智慧

312.83　　　　　　　　　　　　　　111009962